내 몸의 병을 내가 고치는
우리 집 건강 주치의, 〈내 몸을 살린다〉 시리즈 북!

현대인들에게 건강관리는 자칫 소홀히 여겨질 수 있는 부분이기도 합니다. 소 잃고 외양간 고친다는 말처럼, 큰 질병에 걸리고 나서야 건강의 소중함을 깨닫는 경우가 적지 않기 때문입니다. 이에 〈내 몸을 살린다〉 시리즈는 일상 속의 작은 습관들과 평상시의 노력만으로도 건강한 상태를 유지할 수 있는 새로운 건강 지표를 제시합니다.

〈내 몸을 살린다〉는 오랜 시간 검증된 다양한 치료법, 과학적·의학적 수치를 통해 현대인들 누구나 쉽게 일상 속에 적용할 수 있도록 구성되었습니다. 가정의학부터 영양학, 대체의학까지 다양한 분야의 전문가들이 기획 집필한 이 시리즈는 몸과 마음의 건강 모두를 열망하는 현대인들의 요구에 걸맞게 가장 핵심적이고 실행 가능한 내용만을 선별해 모았습니다. 흔히 건강관리도 하나의 노력이라고 합니다. 건강한 것을 가까이 할수록 몸도 마음도 건강해집니다. 책장에 꽂아둔 〈내 몸을 살린다〉 시리즈가 여러분에게 풍부한 건강 지식 정보를 제공하여 건강한 삶을 영위하는 든든한 가정 주치의가 될 것입니다.

● 일러두기

 이 책은 독자들에게 천연화장품에 대한 정보를 제공하고 있으며, 수록된 정보는 저자의 개인적인 경험과 관찰을 바탕으로 한 것이다. 그리고 피부 트러블을 갖고 있거나, 피부병에 걸려 처방 약을 복용하고 있는 경우라면, 반드시 전문가와 상의해야 한다. 저자와 출판사는 이 책에 나오는 정보를 사용하거나 적용하는 과정에서 발생되는 어떤 부작용에 대해서도 책임을 지지 않는다는 것을 미리 밝혀 둔다.

천연화장품, 내 몸을 살린다

임성은 지음

모아북스
MOABOOKS

저자 소개

임성은 e-mail : royalangel@paran.com

한양대학교에서 국어국문학을 전공하였으며, 덕성여대 산업미술학과를 졸업, 현재 해독, 비만 및 영양치유에 대한 강의와 건강 칼럼리스트로 활동하고 있으며, 특히 그의 저서 〈다이어트, 내 몸을 살린다〉, 〈효소, 내 몸을 살린다〉는 건강서적 분야 베스트셀러로 폭넓게 익히고 있다.

천연화장품, 내 몸을 살린다

1판 1쇄 인쇄 ┃2010년 05월 20일
1판 10쇄 발행 ┃2012년 11월 24일

지은이 ┃임성은
발행인 ┃이용길

발행처 ┃ **모아북스** MOABOOKS
영업 ┃권계식
관리 ┃윤재현
디자인 ┃이룸

출판등록번호 ┃제 10-1857호
등록일자 ┃1999. 11. 15
등록된 곳 ┃경기도 고양시 일산구 백석동 1332-1 레이크하임 404호
대표 전화 ┃0505-627-9784
팩스 ┃031-902-5236
홈페이지 ┃http://www.moabooks.com
이메일 ┃moabooks@hanmail.net
ISBN ┃978-89-90539-79-3   03570

이 책은 저작권법에 따라 보호를 받는 저작물이므로 무단전재와 무단복제를 금합니다.
이 책 내용의 전부 또는 일부를 이용하려면 반드시 모아북스의 서면동의를 받아야 합니다.

· 좋은 책은 좋은 독자가 만듭니다.
· 본 도서의 구성, 표현안을 오디오 및 영상물로 제작, 배포할 수 없습니다.
· 독자 여러분의 의견에 항상 귀를 기울이고 있습니다.
· 저자와의 협의 하에 인지를 붙이지 않습니다.
· 잘못 만들어진 책은 구입하신 서점이나 본사로 연락하시면 교환해 드립니다.

화장품, 제대로 알고 써야 건강하다!

요즘 들어 화장 안 하는 사람이 드물다. 길거리를 걷다 보면 여성들 거의 모두가 화장으로 자신을 돋보이게 꾸미고 다닌다. 여성들의 가방에는 필수적으로 몇 가지 화장품이 자리 잡고 있다. 화장품 종류도 복잡해지고 다양해서 매해 신제품들이 쏟아져 나오고 화장품 산업은 불황에도 승승장구하는 몇 안 되는 산업이 되었다. 로레알, 랑콤, 바비브라운 같은 화장품 회사들은 전 세계에 수많은 여성 고객들을 확보하여 놓고 있으며 그 어떤 거대 기업들에도 지지 않을 만한 한 해 매출을 올리고 있다. 그렇다면 이렇게 화장품 산업을 규모 크게 만들어낸 이들은 누구일까? 바로 우리 같은 소비자들이다.

불과 10여 년 전만 해도 화장은 여성들의 전유물이었다. 그나마도 간단하게 피부 관리를 하고 최소한의 색조만을 사용하는 게 전부였다. 하지만 현대인의 화장 성향은 확연하게 달라졌다. 누구나 화장을 통해 타고난 것보다 아름다워질 수 있다는 인식이 커지고, 화장이 여성의 필수적 조건으로 여겨지는 사회적 분위기가 조성되고, 물질적 풍요로 인한 치장의 욕구들이 증가하면서, 이제는 현대 여성의 대부분이 일상적으로 화장을 즐기고 있다.

또한 화장하는 연령대와 성별도 확대되어 성인 여성들뿐만 아니라 초등학생과 중·고등학생들을 위한 주니어용 화장품이 등장하는가 하면, 심지어 예전에는 화장과 거리가 멀었던 남성들까지 이미지와 커리어 관리를 위해 다양한 화장들을 한다. 이는 화장품 산업의 매출이 매해 초고속으로 급성장하고 수많은 화장품 브랜드들이 앞 다투어 다양한 신제품들을 출시하면서 생기고 있는 결과인지도 모른다.

문제는 이 같은 화장품의 광범위한 사용이 역효과를 낳기도 한다는 점이다. 예전에는 화장의 의미가 기본적 관리를 의미했다면, 이제는 하루에 사용하는 화장품 종류만 해도 수십 가지에 이르면서 화장품 사용이 과도할 정도로 증가했다는 것이다. 게다가 화장품 사용으로 인한 피부질환의 피해 또한 심각한 상황이다.

세계적인 한 화장품 브랜드 회사의 조사에 따르면 한국 여성의 화장품 사용 평균 수량은 무려 12.6개였다. 또한 화장대에 앉아서 화장을 하는 시간은 하루 평균 40분 정도며 세계에서 가장 많은 메이크업제품을 사용한다고 한다. 유럽은 2~3단계, 일본은 5단계, 한국은 6~9단계의 기초제품을 바른다고 하니 한국 여성들은 유럽 여성들의 2~3배나 많은 제품을 사용하는 셈이다. 또한 화장품에 들어가는 성분들도 가짓수를 셀 수 없을 정도로 다양하고 그 성분에 대해서도 수많은 논란들이 일고 있다.

그렇다면 과연 우리는 우리가 쓰고 있는 화장품에 대해 정말로 잘 알고서 쓰고 있는 걸까? 여러분은 여러분이 사용하는 화장품이 어떻게 만들어지고 어떤 효능이 있는지, 어떤 성분이 들어가 있는지, 어떤 화장품이 정말로 좋고 나쁜 것인지를 얼마나 상세하게 설명할 수 있는지를 묻고 싶다.

얼마 전 화장품에 포함된 석면 성분인 탈크가 커다란 논란을 일으키면서 화장품 업계에 큰 타격을 준 일이 있었다.

당시 많은 소비자들의 반응은 "화장품에 그런 성분이 들어가 있는지조차도 전혀 몰랐다. 배신감을 느낀다."였다. 하지만 이는 상업주의에만 편승해 해로운 성분을 거리낌 없이 사용했던 화장품 회사들도 문제지만, 자신이 매일 같이 사용하는 제품에 대해 알 권리를 포기한 소비자들에게도 일부 책임이 있다고 할 수 있다. 만일 소비자가 먼저 진정으로 우리의 아름다움을 되살려주는 화장품은 무엇인지, 지금 내가 제대로 된 화장품을 사용하고 있는지 점검해보고 소비자의 요구를 당당하게 전달했더라면 화장품 회사들 또한 소비자의 알 권리를 중시 여기고 각성할 수 있었을 것이다.

하지만 모든 화장품이 우리를 속이고 있는 것은 아니다. 우리는 누구나 아름다워지고 싶어 하고 자신을 가꾸고 싶어 한다. 문제는 오히려 지나친 화장품 사용이나 화장품에 대한 잘못된 정보를 받아들여 피해를 입는다는 점이다. 최근 천연화장품 열풍이 불고 있는 것도 역시 깊이 들여다보면 화장품에 대한 우리의 인식이 달라지고 있음을 알 수 있다. 음식에서도 웰빙 열풍이 불고 있는 것처럼 우리의 피부가 원하는 화장품도 결국은 자연친화적인 것에서 시작되어야 한다는 점이다.

　이 책은 우리가 사용하고 있는 일반적인 화장품에 대한 다양하고 정확한 정보를 전하는 동시에, 우리의 타고난 아름다움을 지켜주는 천연화장품의 기능에 대한 정보를 동시에 담고 있다. 또한 광고에 속고, 브랜드에 속고 있는 대한민국의 여성들에게, 나아가 천연화장품을 통해 아름다움을 지키려는 모든 남녀노소들에게 이 책이 좋은 화장품 이용의 길잡이가 되기를 바라는 마음에서 이 글을 썼다.

- 천연화장품에 관심이 많은 분들
- 일상에서부터 자연친화적인 웰빙을 꿈꾸는 분들
- 화장품의 화학 성분이 두려운 분들
- 민감하고 트러블이 많은 피부를 가지신 분들

　이 모든 분들에게 이 책을 권한다.

임성은

1장

알면 약이 되고 모르면 독이 되는 화장품의 비밀

천연 화장품을 쓰면 피부가 건강한 상태를 지속적으로 유지할 수 있다는 사실이 알려지면서 많은 이들이 천연 화장품을 이용하고 있다. 반면 화장품을 제대로 모르고 쓰는 경우는 오히려 피부를 더 망치거나 불필요하게 하여 지나친 비용과 함께 많은 피해자들이 늘고 있다. 그리고 비싸고 좋다는 제품을 쓰고도 오히려 피부 트러블이 일거나 기대만큼의 효과를 못 보는 경우도 허다하다. 그럼에도 대부분의 소비자들은 같은 실수를 매번 반복하고 있다.

매일 우리는 주변에서 수많은 브랜드 화장품 광고에 둘러싸여 있고 나아가 미백, 주름개선 등 다양한 기능들이 강조되면서 모든 화장품들이 자신들의 효능이 최고라고 외쳐대며 소비자를 유혹하고 있다. 또한 유혹에 넘어가는 대다

수의 소비자들은 화장품의 품질보다는 외적인 광고 등에 더 큰 신뢰를 가지고 선뜻 지갑을 연다.

하지만 그렇게 선뜻 지갑을 여는 만큼 과연 그 화장품들이 우리에게 만족할 만한 피부 개선효과를 가져다주고 있을까? 이제 소비자들도 자신이 매일 같이 사용하는 화장 제품에 대해 정확한 정보와 알 권리가 있다. 지금부터 화장품의 4대 거짓말이라고 하는 브랜드와 기능성, 신 물질, 화장품 광고 허와 실에 대해 자세히 살펴보도록 하자.

1) 브랜드 화장품, 정말로 최고의 화장품일까?

요즘 소비자들은 브랜드에 민감하다. 일상용품은 물론 의류나 소품 심지어 먹거리까지도 브랜드를 따진다. 상황이 이러니 브랜드 천국이라는 말이 나오는 것도 무리가 아니다. 그렇다면 화장품은 어떨까? 화장품은 수많은 브랜드 중에서도 가장 브랜드 효과가 큰 제품 중에 하나다.

그렇다면 브랜드 화장품은 과연 비싼 가격만큼이나 더 큰 효과가 있을까? 어쩌면 우리는 비싼 돈을 제품의 품질이 아닌 브랜드 값에 지불한 것은 아닐까?

매대 앞에 넘쳐나는 화장품을 고를 때 우리는 브랜드를 찾는다. '유명 브랜드' 제품들은 품절 사태가 일어날 만큼 불티나게 팔려간다. 우리나라의 화장품 소비자들이 얼마나 브랜드 지향적인지는 여성들의 대화만 들어봐도 잘 알 수 있다. "너 화장품 뭐 써?" 라고 물을 때 가장 흔한 대답은 "응, ㅇㅇ 회사 제품 써" 이다. 다른 많은 물건들처럼 화장품에도 브랜드 열풍이 거센 셈이다. 하지만 보통 물건도 아닌 우리 피부에 직접 바르는 화장품을 단순히 브랜드만 보고 사용하는 것이 과연 옳은 선택일까를 생각해야 한다.

"싼 게 비지떡" 이라는 말이 있다. 이 말에는 비싸고 좋은 제품이 가격 싼 제품보다 낫다는 심리도 담겨 있다. 우리가 화장품도 브랜드를 선호하는 것은 비싼 만큼 안심할 수 있고 품질력도 좋을 것이라는 믿음이 있어서다. 그러나 화장품만큼 "싼 게 비지떡" 이라는 말이 안 통하는 제품도 없을 것이다.

2008년도 실시되기 시작한 화장품 전 성분 표시제는 더더욱 이 사실에 힘을 실어주고 있다. 기본적으로 화장품은 수분이 거의 대부분을 차지하다. 또한 화장품을 만드는 공정도 비슷하고 제품 성분들도 비슷비슷하다. 이는 화장품을 사용하기 전 인터넷으로 전 성분 표시를 한 번만 훑어보면 좋은 화장품을 쓸 수 있는 기회를 가질 수 있다.

그렇다면 브랜드 화장품은 어떨까? 때때로 신 물질이나 희귀 성분을 사용하기는 하지만 그 외의 대부분의 베이스는 비 브랜드 화장품과 크게 다르지 않다. 그런데도 어째서 브랜드 화장품과 저가 화장품은 가격 차이가 작게는 5배, 심하게는 10배 이상 나는 것일까?

흔히 브랜드 화장품을 '명품화장품'이라고 부르는데 화장품에도 실용성보다는 명품을 씀으로써 자신을 돋보이게 하려는 명품 심리가 적용된다는 것을 보여준다. 그러나 명품 가방이 황금 가죽으로 만들어 있지 않은 것처럼 명품 화장품도 원료 자체가 명품인 것은 아니다.

한 예로 브랜드 화장품의 가격 절반은 모델료와 광고회사, 유통비를 소매회사에 지불하는 비용이라는 것이 정설이다. 이를테면 5만 원짜리 크림을 하나 사서 쓰면 홍보 비용 등을 모두 소비자가 지불하는 셈이 된다.

그 정도면 차라리 낫다. 명품을 운운하며 무려 100만 원을 호가하는 제품들은 어떤가? 원료 값이 공개되지도 않고 그 효능도 확실히 보장되지 않은 상황에서 브랜드만 믿고 그 제품을 살 필요가 있을까 하는 생각도 든다.

현명한 소비는 현명한 소비자로부터 시작된다. 비단 브랜드가 아니라도 나에게 맞는 화장품이면 좋은 화장품이듯이 브랜드에 현혹되어 비싼 값을 지불하느니 소비자가 믿고 내가 확신할 수 있는 제품을 직접 테스트해보고 사는 것이 가장 현명한 화장품 이용 방법일 것이다.

2) 비싼 기능성 화장품, 정말로 비싼 값을 할까?

지금 여러분의 화장대를 살펴보라. 아마 기능성이라는 마크가 붙은 제품이 분명히 한두 개는 있을 것이다.

최근 들어 주름이면 주름, 미백이면 미백, 모공이면 모공, 다양한 피부 문제들을 훨씬 효과적으로 개선해준다는 기능성 제품들이 출시되고 있다. 나날이 발전하는 피부 과학의 결과라고는 하지만 이런 제품을 바르고 획기적인 피부 개선을 경험한 소비자는 과연 몇 명이나 될까? 혹시 우리는 이런 기능성 제품들에 필요 이상의 금액을 지불하고 있는 건 아닐까 하는 생각이 앞선다.

여성들이 화장품을 구매할 때 첫째로 체크하는 것 중에

하나가 바로 이 기능성 인증 마크다. 왠지 효과가 더 좋아 보이고 그 때문에 구매욕구도 커지기 때문에, 화장품 제조사들도 기능성 인증을 획득한 제품들에 대해 버젓이 인증 마크를 포장 상자나 용기에 눈에 띄게 기재하고 있다. 이 인증 마크의 효과는 아주 놀랍다. 이 마크는 마치 명품처럼 그 제품의 가격을 크게는 몇 배나 뛰게 만든다. 그렇다면 이 기능성 인증에도 허와 실이 숨어 있다는 사실을 알고 있는가?

많은 여성들이 화장품을 고를 때 기대하는 것이 바로 주름의 개선과 미백효과다. 특히 미백은 아시아국가 여성들에게는 중요한 것인데 우리나라의 미백 화장품은 지난 몇 년간 무려 40% 가까운 성장세를 보여 왔다고 한다. 나아가 주름 개선도 여성들이 열정적으로 요구하는 기능인데, 혹시 우리가 열광하는 '미백 기능성 인증' 이나 '주름 개선 기능성 인증' 절차가 사실은 지나치게 간단하게 진행되고 있다는 사실을 알아야 한다.

흔히 기능성 인증이라고 하면 복잡한 과정과 검사를 거쳐 탁월한 제품에만 인정해주는 것으로 알고 있지만 사실은 그렇지 않다. 특별한 원료와 공법이 굳이 없어도 정해진 기능성 고시에 포함된 원료를 함량 기준에 맞게 첨가하면 쉽게 인증을 받을 수 있는 게 바로 우리나라 화장품 업계의 현실이다. 예를 들어 주름에 좋다는 레티놀, 미백에 좋다는 알부틴 등 이런 성분들을 일정 퍼센트만 첨가하면 가격이 몇 배나 높은 기능성 제품이 되는 것이다.

물론 이런 제품들이 전혀 효과가 없다는 말은 아니다. 다만 이런 기능성 인증을 지나치게 강조하면서 기적의 개선 효과가 있는 것처럼 지나치게 비싼 가격으로 판매하는 화장품 회사의 기능성에 현혹되어 다른 부분은 살펴보지도 않고 무조건 지갑을 여는 것은 아닌지 다시 한 번 재고해봐야 한다는 것이다.

타고난 것에서부터 관리까지 우리 피부는 평생에 걸쳐 좋아지거나 나빠진다. 즉 단기간에 화장품에서 효과를 찾으려는 것은 사실 일시적인 자기만족에 불과할 뿐이다. 자극적인 성분으로 짧은 기간에 효과를 보여주다가 사용하지 않으면 곧바로 원점으로 돌아가는 화장품보다는 내 피부에 가장 자극 없이 꾸준히 사용할 수 있는 피부친화적인 화장품을 고르는 안목이 허울 좋은 광고를 내세우는 화장품 홍수에서 좋은 제품을 골라내는 최고의 돋보기가 될 수 있을 것이다.

3) 새로 개발한 신물질 화장품, 정말로 획기적일까?

그렇다면 피부 과학의 결정판이라고 불리는 신물질은 어떨까?

'노화방지를 돕는 최고의 신물질 000, 1% 포함'
'주름개선에 탁월한 000 포함 제품'

우리가 흔히 보게 되는 화장품 광고멘트다. 물론 이런 재료들은 특정한 효능을 가지고 있고 우리의 피부 개선에 어느 정도 도움을 준다.

중요한 것은 이것이 과연 비싼 값을 지불할 만큼 크게 개선을 기대할 수 있는 효능이 있는가이다.

많은 이들이 화장품 기능에 대해 혼돈하고 있다. 화장품의 원료 일부가 우리 피부를 완벽하게 젊음으로 돌려줄 것이라는 환상마저 가지고 있다. 하지만 암 치료를 보자. 매번 신물질이 개발되어 임상실험에 투입되지만 아직도 암을 완전히 정복하지 못했다. 피부라고 해서 무엇이 다를 것인가? 하물며 암 치료 신물질 개발보다도 길지 않은 화장품의 신물질 역사에서 과연 피부의 노화를 완벽히 방지할 수 있는 제품을 개발한다는 것 자체가 불가능하지 않을까?

우리 피부는 본래부터 자연 치유력을 가지고 있다. 이를테면 몸의 방어력을 지칭할 때 쓰는 면역력이라는 것이 피부에도 있는 것이다. 최근 우리가 일상적으로 먹는 일부 의약품들이 지나친 항생제 성분이나 화학 성분으로 인해 오히려 우리 몸의 면역력을 파괴한다는 논쟁이 강하게 학계에서 발표되고 있는 것을 보면 알 수 있다.

그것은 화장품도 마찬가지다. 소비자들의 성분에 대한 기대가 지나칠 때 그것을 오용하는 사례들이 빈번해지고, 그런 오용이 우리 피부 본연의 면역력을 파괴하기 때문이다.

다시 한 번 강조하지만 화장품은 결코 의약품과는 다르며 의약품은 단시간 내에 처방이라는 것을 해서 두드러지는 문제를 해결하기 위해 개발된 것이다. 또한 강력한 효능과 질병 치료라는 목적을 위해서 어느 정도의 부작용을 감내해야 할 수도 있다.

하지만 화장품은 그 목적과 효능이 다르다. 화장품은 어디까지나 청결하고 아름다운 피부를 건강하게 유지하기 위한 제품으로 장기적이고 지속적으로 사용하기 위한 것이다. 다시 말해 부작용이 없어야 하며 특정 증상에 강력하고 단기적인 효과를 발휘하기 위한 것이 아니다.

다시 말해 좋은 화장품이란 우리 피부가 가진 고유의 자정 능력을 도와주고 면역력을 기르도록 도와주는 제품이어야 한다.

4) 우리는 화장품 과대광고에 어떻게 속아왔는가?

현대사회는 이미지를 중시 여긴다. 특히 광고는 '이미지의 전쟁터' 라고까지 할 만하다. 제품과는 상관없이 제품 이미지만 잘 살려도 많은 사람들이 그 제품에 매력을 느끼고 구매하게 된다. 그러다 보니 제품 원료보다는 광고비가 훨씬 크게 책정되는 제품들이 적지 않다. 그런 걸 흔히 가격 거품이라고 하는데 화장품은 그 '가격 거품 제품' 중에 최고봉이라고 해도 과언이 아닐 것이다.

요즘은 과거와 달리 자기 PR시대다. 취직을 하나 해도 자신의 장점을 잘 부각시켜야 하듯이 외모도 마찬가지다. 그러다 보니 매일 사용하는 화장품 수가 수백, 수천 종에 이르고 있다. 그렇다면 이런 화장품에서 우리는 어떤 효과를 기대하고 있을까?

우리는 화장품 광고를 보면 나도 모르게 그 안으로 깊이 빠져든다. 눈에 보이는 그것을 진짜라고 믿고 그 제품을 사게 된다. 예를 들어 30~40대인 탤런트들이 나와서 깨끗한 피부를 자랑한다. 그렇다면 이 사람들의 진짜 피부도 광고 브라운관에서 보는 것처럼 티 없고 깨끗할까?

요즘 고화질 HD가 보편화되었는데 한때 이 HD 때문에 여배우들이 고민이 많았다고 한다. 광고에서 보여주는 자신들의 피부와 거의 실제에 가까운 모습을 보여주는 HD 화면에 비치는 피부 상태가 확연히 다를 것임을 그들도 알았던 것이다.

초현대화된 카메라와 광고 기술은 이처럼 가짜도 진짜처럼 보이게 한다. 즉 광고는 결코 진실이 아니며 화장품 광고에서 보여주는 기적은 그 제품의 품질과는 거의 아무 상관이 없다는 것을 알아야 한다. 모델처럼 나이가 들어서도 아름다운 피부를 유지할 수 있다는 것은 거의 환상에 가까운 셈인 것이다.

실제로 우리나라의 화장품 업체들은 평균적으로 매출액의 30~40%를 광고에 쏟아 붓는다고 한다. 한국 화장품 시장의 규모는 연간 6조 원 정도인데 그 중에 최소 3조 원이 광고비로 쓰이고 있다니 그야말로 엄청난 홍보 공세다. 또한 더 좋은 제품을 만들어내야 할 연구 투자비보다 광고비가 많다는 것은 그만큼 광고에 현혹되어 그 제품을 사는 사람이 많다는 의미이며, 광고가 잦은 제품이라면 그 만큼 광고비 비율이 더 높다는 이야기다.

만일 여러분이 진정으로 현명한 소비자이고 자신의 피부를 소중히 여긴다면 지금 당장 화장대부터 살펴야 한다.

그 중에 광고만 보고 산 제품으로는 무엇이 있는지, 있다면 몇 개나 되는지 살피고, 앞으로는 광고가 아닌 제품의 정직함을 선택할 수 있도록 자신의 소비 성향을 점검해야 할 것이다.

2장

알고 나면 무서운 화학 성분의 진실

오래전부터 여성들은 다양한 천연 재료들을 사용해 피부를 가꾸고 얼굴을 돋보이게 하는 방법을 사용해왔다. 우유와 꿀 등으로 피부를 가꾸고 쌀겨로 세안을 하고 수세미와 오이나 박에서 나오는 즙을 화장수로 썼었다.

그때 썼던 화장품의 재료들은 집 앞이나 뒤뜰에서 쉽게 구할 수 있는 자연 재료가 대부분이었다. 즉 과거 시대의 화장은 생활의 지혜와 자연 친화적 요소를 통해 화장을 했었으며, 천연화장품의 역사는 상당히 오랜 역사와 함께 했었다고 할 수 있다.

그렇다면 지금은 어떤가? 매일 같이 내 얼굴에 바르는 화장품 안에는 어떤 원료들이 들어 있을까? 사실 이 질문에 정확한 대답을 내놓을 수 있는 이들은 드물 것이다. 어느덧 화장품이 생활의 필수품이 되었음에도, 우리는 이 화장품

들에 지나치게 관대하다. 쌀 하나를 먹어도 유기농인지 무
농약인지를 따지면서 화장품의 원료에는 관심이 없다. 하
지만 화장품 하나에는 우리가 상상할 수 없을 정도로 많은
원료들이 들어간다. 또한 지나친 화학 성분이 우리 피부에
돌이킬 수 없는 영향을 미치기도 한다. 지금부터 잘 알아야
할 위험한 화학 화장품 성분들에 대해 꼼꼼히 살펴보도록
하자.

1) 무서운 화장품 부작용

많은 이들이 화장품 부작용을 일시적이거나 가벼운 현상
으로 넘긴다. 하지만 심각한 화장품 부작용은 얼굴 피부색
을 변형시키고 피부의 정화능력을 완전히 망가뜨려 평생
피부과를 들락대게 할 수도 있다.

이렇게 심각한 부작용이 아니라도 새로 산 화장품에 기
대를 잔뜩 품고 발랐는데 다음날 얼굴에 발진과 가려움이
생기는 경우가 있다. 처음에는 그저 화장품을 갑자기 바꿔
그런가 보다 놔뒀다가 결국 피부과 신세를 지게 되는 소비
자들이 적지 않다.

그렇다면 어째서 피부를 좋게 만든다는 화장품이 오히려 피부를 망치는 경우가 생기는 걸까? 우리가 쓰는 대부분의 화장품들은 음식으로 치면 가공식품과 비슷하다. 원료들을 가공하고 피부에 영양 성분을 전달하기 위해, 사용 기간을 늘리기 위해 다양한 화학제품들과 방부제가 들어간다. 그러다 보니 이 다양한 성분들이 자기 피부 타입에 맞지 않을 수도 있고 특정한 성분에 알레르기 반응을 보이거나 나아가 과도한 화학 성분이 피부염과 심각한 피부 트러블을 가져오기도 한다.

그렇다면 과연 우리는 얼마나 많은 화장품 부작용을 경험하고 있을까?

식품의약품안전청이 2008년에서 2009년 상반기까지 소비자시민모임에 접수된 화장품 관련 상담을 분석한 결과, 화장품 사용으로 인한 부작용 유형은 가려움이 185건(11.3%), 발진이 173건(10.6%), 두드러기가 141건(8.7%), 붉은 반점, 따가움, 붓기, 여드름, 눈 부작용 등을 보였다고 한다. 즉 최소한 100명 중에 10명은 화장품 부작용을 경험하고 있다는 뜻이다.

이는 우리의 화장품 안전 수준이 위험한 수준까지 도달

했음을 보여준다. 지금껏 화장품 업계는 많은 진화를 이루었고, 그 사이 더 기능적이고 오래 쓰는 화장품을 만들어내기 위해 천문학적인 돈을 들여 수많은 연구를 진행해왔다.

그러나 적지 않은 과학기술의 발전이 오히려 우리 삶을 위협하는 요인들로 등장한 것처럼 화장품 업계의 과열 경쟁과 지나친 화학제품의 남용이 오히려 우리 피부를 위협하고 있는 것이다.

이제는 화장품 사용에도 세심한 선택이 필요하다. 나에게 맞는 제품에 대해 더 상세히 알아보고 체험해보는 동시에 화장품 성분에 지나친 화학 성분이 다량 포함되어 있지는 않은지를 꼼꼼하게 따져야 할 때다. 최근 시작된 화장품 전 성분 표시제도 이러한 소비자의 바람을 반영한 것이지만 조사 결과 화장품 성분을 확인하고 구입하는 여성은 10명 중 3명 정도인 31% 정도라고 한다. 이는 아직도 많은 이들이 화장품 구입에 브랜드나 광고, 단순 가격 등의 요소만 고려하고 있다는 것을 보여준다.

그렇다면 우리가 믿고 사용한 화장품들은 왜 부작용을 일으킬까? 그 근저에는 과연 어떤 위험 요소가 존재하고 있는 걸까? 지금부터 그 숨겨진 비밀 속으로 들어가 보도록 하자.

　대한피부과의사회가 시중에서 가장 흔히 쓰이는 화장품 성분 70개를 대상으로 피부 타입별 '화장품 성분 선택 가이드'를 내놨다. 지성, 건성, 민감성 피부에 따른 성분을 정리했다.

　지성(여드름) 피부: 얼굴이 늘 번들번들하고 모공이 넓은 지성 피부는 여드름을 생기게 할 수 있는 성분을 피해야 한다. 또 유분이 많은 제품도 피부 각질이 자연스럽게 제거되는 것을 막으므로 피하는 것이 좋다. 수렴과 진정 효과가 있는 수렴 화장수가 좋으며, 피부 표면의 지방 성분을 줄여줄 수 있는 성분이 바람직하다.

　건성(노화)피부: 피부에 윤기가 없고 버석거리고, 트고, 갈라지고, 비늘이 생기고, 각질이 들고 일어나 조각조각 떨어져 나가거나, 건조해지고, 가렵고, 따가운 경우이다. 건성 피부는 수분과 유분의 균형을 맞춰주는 성분이 좋다.

민감성 피부: 피부염 · 아토피 · 건선 등 피부질환을 가진 사람, 피부 트러블이 지속되는 민감성 피부는 화장품 때문에 자극이 심해질 수 있으므로 주의해야 한다. 피부 자극 물질을 판별할 수 있는 '첩포검사'를 통해 유발 원인이나 악화 인자를 찾아내야 하고, 자신의 피부에 맞지 않는 화장품 성분도 꼼꼼히 체크해서 피해야 한다.

민감성 피부는 화장품을 많이 사용하는 것이 좋지 않으며 성분의 종류가 10개 이하인 제품이 바람직하다. 진정효과가 있는 제품이 좋지만 방수성 제품은 피하는 것이 좋다.

피부 타입별 화장품 선택 가이드

피부 타입	좋은 성분	주의할 성분
지성 (여드름) 피부	글리콜린산(각질세포감소) 살리실산, 난 옥시놀-9, 클로로필(피지조정) 녹차, 위치 하젤, 레몬, 캄파, 멘톨, 클로로필, 알란토인(진정,피부보호) 티트린, 감초, 징크 옥사이드, 칼렌듈라 추출물, 설퍼(살균.항염) 트리클로잔(박테리아 번식억제) 티타늄 옥사이드(자외선 차단)	트리글리세라이드, 팔마티산염, 미리스틴산, 스테아르산염, 스테아린산(모공 막음) 코코넛 오일, 시어버터, 바세린(여드름 유발) 옥시벤존, 메톡시시나메이트(자극 유발)

피부 타입	좋은 성분	주의할 성분
건성 (노화) 피부	히아루론산, 글리세린, 프로필렌 글라이콜, 소디움PCA, 1,3-부틸렌 글라이콜(강력 보습) 비타민A,C,E(피부 재생.탄력) 콜라젠, 엘라스틴(수분 증가) 아보카도 오일, 이브닝 프라임 로즈 오일(수분 증발 방지) 오트밀 단백질, 콩 추출물(피부 탄력) 카모마일, 오이, 복숭아, 해조 추출물(습윤) 상백피 추출물, 코직산, 알부틴(미백) 포도씨 추출물(항산화) 베타카로틴, 파일워트 추출물, 비타민B 복합체(주름 방지) 판테놀(컨디셔닝)	알코올(수분 증발) 진흙, 계면활성제(피부 건조) 멘톨, 페퍼민트(피부 자극)
민감성 피부	민감성 피부 비타민K,P, 호스트체스트 넛 추출물(혈관 강화) 카모마일, 알로에, 콘플라워, 알란토인(예민현상 진정) 해조 추출물(영양함유) 티타늄 옥사이드(자외선 차단)	알코올(수분 증발) 멘톨, 페퍼민트, 유칼립투스, 고농도 과일산, 아로마오일(피부 자극) 오렌지, 레몬(산성 과잉) 옥시벤존, 메톡시시나메이트(자극 유발)

〈헬스조선〉 2008년 10월 15일

2) 유해 물질 덩어리를 얼굴에 바르는 사람들

믿고 썼는데 알고 보니 화장품 안에 유해한 성분이 들어 있었다면 어떨까? 뉴스를 보면 심심치 않게 유명 브랜드 화장품에서조차 유해 성분이 기준치 이상 대량 검출되어 전량 리콜을 시행하게 되었다는 보도를 접하게 된다. 이렇게 비싼 돈까지 주면서 믿고 썼던 브랜드 화장품에서 유해 물질이 다량 발견됐을 때 소비자의 배신감은 이루 말할 수 없이 크다.

언젠가 식품의약품안전청, 국립과학수사연구소가 모회사의 화장품 성분 분석을 진행한 결과 그 회사의 주력 제품인 두 크림에서 중금속인 수은이 각각 기준치의 71.5배에서 98.1배, 33.5배에서 무려 2천150배까지 검출된 적이 있다. 나아가 중독성 물질로 화장품 배합 금지 원료인 디펜하이드라민(항히스타민제), 설파메톡사졸(항생제) 등의 성분도 다량으로 검출됐다. 이 화장품은 말 그대로 비싸게 구매한 '화학 물질 덩어리'에 지나지 않았던 셈이다.

여기서의 수은은 우리 피부에 트러블을 일으키는 대표적인 성분인데, 이는 우리 피부가 수은에 내성이 생긴 상태에서 수은과 충돌이 생길 수 있는 다른 화학첨가물이 포함된 화장품을 사용할 경우 문제가 생기는 것이다. 또한 수은은 배출되지 않고 우리 몸에 쌓여 여러 가지 질환을 불러오는 무서운 물질이기도 하다.

여기서 우리는 화학물질을 대량으로 사용한 화장품 회사만 비난할 것이 아니다. 이 회사들이 이렇게 화학물질을 과다하게 첨가한 것에는 소비자의 주의에도 잘못도 있기 때문이다. 예를 들어 우리는 화장품을 택할 때 빠른 효과가 나기를 바란다. 그러다 보니 시중에 '바르는 즉시 피부가 탱탱해지고 주름살이 줄어드는 화장품'이라고 선전한다.

그러면 어떻게 이 화장품들은 이렇게 대단한 마법을 현실에서 이루어낼 수 있었을까? 바로 화학물질의 힘이다. 화장품을 바르자마자 즉시 주름이 사라지거나 처짐이 개선되는 이유는 그 화장품에 합성 폴리머 등이 배합되어 피부 표면에 막을 치고 피부를 당겨주기 때문이다. 또한 앞서 언급된 수은도 미백 효과에는 탁월한 효능이 있다고 알려져 있다. 다시 말해 즉각적으로 효능을 보여준다고 광고하는 제품일수록 더 많은 화학성분들이 배합되어 있을 가능성이 높다.

이 합성 화학 물질들은 불순물이 없어서 즉효성이 있고 무엇보다도 천연 추출물이나 재료에 비해 대량으로 합성하므로 값이 싸다. 다시 말해 화장품 회사들은 성급한 소비자들의 요구에 따라 값싸고 독한 화학물질을 대량 첨가한 화장품을 만들어내고 있는 셈이다.

이런 상황을 돌이키고 안전한 화장품을 사용하는 방법은 다른 게 아니다. 화장품은 결코 마법처럼 우리 피부를 젊게 해줄 수 있는 것도, 많이 쓴다고 피부 상태를 현격하게 향상시키는 것도 아니라는 점을 기억하는 것이다. 또한 화장품의 본래 목적은 우리 피부를 가장 좋은 상태로 유지하고 청결하게 가꿔주는 것임을 기억하고 자신이 사용하는 화장품에 대해 소비자가 먼저 알고 요구해야 할 것이다.

3) 화장품 독은 배출되지 않고 쌓인다

공장 지대 근처에 살거나 유해 물질이 많은 공장에서 일하는 사람들의 경우 납이나 수은 등에 중독되어 목숨을 잃는 경우가 발생한다. 이는 조금씩 흡입하거나 섭취한 유해 물질이 몸 안에 쌓여서 목숨까지 앗아간 경우다. 마찬가지로 화장품의 화학 물질도 일단 우리 몸에 침투하면 일부가 계속해서 쌓여 피부 트러블, 나아가 신체질환을 일으킬 위험이 있다.

한 리서치 회사가 화장품과 관련해 설문조사를 한 결과

우리나라에서 화장품을 가장 많이 소비하는 계층은 30대 여성이었다. 피부 노화가 본격적으로 시작되고 경제적인 여력이 어느 정도 있으니 그러려니 할 수도 있다. 그런데 이들이 사용하는 화장품을 보면 무언가 지나칠 정도다.

우리나라 30대 여성들은 하루에 평균 8개의 기초 제품, 색조는 무려 평균 7개를 사용한다. 이것은 평균치에 불과하니 이보다 많은 화장품을 사용하는 사람도 많다는 것을 쉽게 짐작할 수 있을 것이다.

하지만 평상시 화장을 하는 사람이라면 "그럴 수도 있지"라고 고개를 끄덕이게 된다. 예를 들어 매일 아침저녁으로 최소 두 번씩 기초 제품을 바르고 낮에는 메이크업을 하고 출근하며 저녁까지 한두 번 화장을 고치고, 집에 들어와서는 샤워를 하고 바디 용품을 발라주는 사람이라면 하루 화장품 15개는 거뜬히 뛰어넘게 될 것이다.

이는 지나치게 많은 양의 화장품을 사용하는 것이 자연스러운 우리의 일상이라는 뜻이다. 그런데 문제는 이 화장품들에 포함된 화학물질이다. 화장품을 사용하면 아무리 소량이라도 그것이 우리 몸에 침투하게 된다. 즉 하루에 20개 정도의 화장품을 바른다면 소량으로 20번 독성 성분을 우리 몸에 흡수시키면서 상당히 많은 독성이 쌓이게 된다.

물론 화장품 쪽 관계자라면 "아주 적은 양이고 이것이 역치점, 즉 활성화돼서 우리 몸에 영향을 미치려면 몇 백 년은 걸릴 겁니다."라고 말할 수도 있다. 하지만 이는 어디까지나 한 가지 화장품에 들어 있는 독성 성분의 양과 관련된 발언이다. 즉 그는 우리가 매일 같이 20종 가까운 화장품을 꾸준히 쓰고 있다는 것을 간과하는 셈이다.

만일 지나치게 여러 개의 화장품을 사용하고 있다면 그 표시 성분을 살펴보자. 아마 그것들모두가 내 몸으로 들어온다면 어떤 일이 벌어질까? 몇 백 년은커녕 불과 몇 십 년 만에 우리 몸은 화장품 속의 다량의 화학제품에 침범당해 역치점을 훌쩍 넘어 질병을 얻게 될지도 모른다.

4) 반드시 주의해야 할 화장품 성분 7가지

화장품의 유해성 물질을 방지하려면 일단 그 유해성 성분으로는 뭐가 있는지 알아야 한다. 어쩔 수 없이 화장품에 포함되는 화학성분들 중에서도 유독성은 각각 천차만별이다. 지금부터 반드시 피해야 할 화학 성분들을 알아보고 화장품을 고를 때 유의하도록 하자.

① 미네랄 오일

미네랄 오일은 언뜻 좋은 것처럼 보이지만, 결국 원유를 석유로 정제하는 과정에서 생성되는 부산물로 대량으로 생산되는 값싼 재료다. 사용할 때는 얼굴을 부드럽고 광택 나게 하고 보습력이 좋지만, 피부 지방을 빼앗고 모공을 막아 모공이 늘어나고 피부 노화가 촉진된다. 또한 기름 성분은 산화되면 이상한 냄새를 풍기거나 변색되는데 이때 생성되는 과산화 물질이 피부를 자극하고 몸속에 흡수되면 간장 장애와 암을 유발한다.

② 인공 향료

화장품에 쓰이는 인공 향료는 그 종류가 무려 200가지가 넘는다. 따라서 단순한 표시만으로는 그 화합물의 정체를 알기 어려우니 화장품을 구매하면 소비자 센터에 반드시 물어보아야 한다. 이런 향료는 두통과 메스꺼움, 구토, 현

기증, 기관지 자극 등의 손상을 가져온다.

③ 호르몬류

호르몬 제제는 약리작용이 커서 사실은 의약품에 가까운 것이다. 에스트로겐, 난포호르몬, 에스트라지올, 에티닐에스트라지올 등이 있는데 이런 호르몬 제제의 피해를 잘 알려면 환경 호르몬을 떠올리면 된다. 만일 이런 호르몬 제재가 들어간 제품을 사용할 경우 자칫 몸의 교란 상태가 심해져 질 출혈 및 성기와 유방의 과다 발육이나 교란 등을 겪을 수 있다.

④ 아보벤젠

파르솔 1789라고 불리기도 한다. 이 성분은 햇볕과 만나면 활성산소를 만들어내서 이 활성산소가 우리 DNA를 손상시키게 된다. 그리고 이런 DNA의 손상이 자칫하면 암과 같은 질병을 불러올 수 있다. 우리나라의 기준으로 5% 미만을 사용하게 되어 있다.

⑤ 소디움 라우릴황산염

계면활성제나 세정제로 사용되며, 화장품, 치약, 샴푸, 거품 세제의 주성분으로 사용된다. 화장품에 들어가는 화학 성분 가운데 가장 위험한 요소로서 눈 근처에만 발라도 점막이 위협을 받으며, 피부를 통해 쉽게 침투해 심장이나 폐 등에 머무르면서 혈액으로 발암물질을 보낸다.

⑥ 이소프로필 알콜

일반적인 로션 류나 향수, 린스 등에서 쉽게 함유되어 있는 성분이다. 이 성분은 만일 섭취를 하거나 증기를 흡입하면 두통, 홍조, 구토, 혼수상태 등을 유발할 가능성이 있다. 특히 암 환자의 면역력을 떨어뜨리는 만큼 반드시 주의하고 금해야 하는 성분이다.

⑦ 트리에탄올아민

세정제의 원료인 스테아린산염의 성분으로서 화장품의

PH 조절용으로 많이 사용된다. 또한 클렌징 제품에는 기본적으로 들어가는 성분이기도 하다. 이 성분은 안과 질환 및 모발과 피부 건조증을 일으키고 장기간에 걸쳐 사용하면 체내에 흡수·축적되어 독성 물질로 변할 수 있다.

3장

늙어 보이는 피부, 젊어 보이는 피부의 비밀

사람이 아무리 이목구비가 예뻐도 피부가 늙고 거칠다면 어떨까? 피부는 우리 인상에 절대적인 영향을 미칠 뿐만 아니라 우리의 건강 상태까지 보여준다. 예를 들어 나이보다 젊어 보이거나 늙어 보이는 경우 이 인상을 좌우하는 가장 큰 요인이 바로 피부다. 그렇다면 주름살, 기미 등으로 나이보다 늙은 피부, 촉촉하고 건강한 젊은 피부의 차이는 무엇이고 그런 차이가 생겨나는 이유는 무엇일까?

지금부터 노화를 막고 깨끗한 피부를 간직하는 스킨케어에 대한 기본적 지식들을 이장에서 알아보도록 하자.

1) 생활환경이 피부의 노화 속도를 결정한다

피부는 일정 정도는 타고난다고 한다. 개인마다 피지의

분비량이나 건조함의 정도가 다 다른 것도 타고난 성향 때문이며, 이런 개인차가 노화의 진행 속도를 가속화시키거나 늦추기도 한다.

　이렇게 타고난 피부는 바꾸기가 어렵지만 피부 노화는 체질만으로 결정되는 게 아니라. 오히려 외부적인 환경 요소가 노화 속도에 더 큰 영향을 준다는 것이 전문가들의 의견이다. 그렇다면 피부 노화를 막기 위해서는 어떤 주의를 기울여야 할까? 바로 우리 주변의 생활환경이다. 인간의 피부는 필연적으로 나이를 먹으면서 여성 호르몬이 감소하고 세포 활성이 쇠퇴한다. 일반적으로 20세 무렵에 가장 좋았다가 서서히 노화되어 40세 중반부터는 여성 호르몬 분비가 급격히 감소하면서 하나의 분기점을 맞이하게 된다.

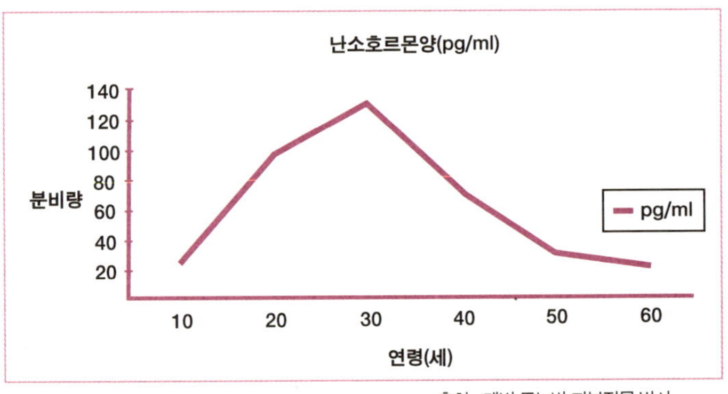

출처 - 케빈 도노반 피부전문 박사

그러나 여기서 한 가지 중요한 사실이 있다. 인간에게는 신체 나이라는 것이 있다. 몸은 20대이지만 30대의 신체 나이를 가진 사람들도 있고, 반대로 40대인데도 30대의 신체 나이를 고수하며 활력 있는 삶을 꾸려가는 사람도 있다.

이들은 음주나 흡연, 스트레스 등 노화를 촉진하는 환경을 최대한 줄이고 꾸준한 운동, 자연친화적인 삶, 올바른 식습관 등으로 자신의 주변 환경을 끊임없이 개선하기 때문이다. 즉 건강이란 단순히 타고나거나 나이에 따라 진행되는 것이 아니라 노력을 통해 얻어지는 것이다.

우리 신체의 일부인 피부도 마찬가지다. 우리 피부를 최적의 상태로 유지하고 피부에 유해한 환경을 줄이는 것만으로도 얼마든지 피부 나이를 젊게 만들어 노화를 일정하게 방지할 수 있다.

즉 젊어 보이는 피부와 늙어 보이는 피부는 상당수 생활환경과 노력의 문제인 것이다. 그렇다면 지금부터 피부 노화를 막아주는 건강한 피부 생활환경을 위한 몇 가지 지침들을 살펴보도록 하자.

2) 자외선과 대기오염을 주의하라

여름철에 강한 햇볕을 쐬면 피부가 붉어지고 껍질이 벗겨지면서 손상이 생긴다. 이는 파장 길이가 가장 길어 오존층을 뚫고 지상에까지 닿는 이른바 자외선이라는 빛의 파장 때문이다.

이 자외선은 비단 여름철뿐만 아니라 4계절, 심지어 흐린 날에도 우리 몸에 닿게 되는데, 선번(sunburn)이라고 불리는 화상을 피부에 남길 뿐만 아니라 멜라닌 색소 침착을 일으켜 우리 피부를 칙칙하고 검게 만든다. 또한 진피까지 도달해서 활성 산소를 만들어 피부의 탄성과 탄력을 유지해주는 콜라겐 섬유를 파괴하여 주름과 피부 처짐이 원인이 되고 심하면 피부암까지 불러온다.

또 하나 중요한 것은 이런 자외선으로 인한 손상은 단번에 끝나는 게 아니라는 점이다. 통상적으로 자외선을 많이 쐰 피부는 노화가 더 빨리 진행되는데 무엇보다 그 잠재적 피해가 훨씬 뒤에 나타난다. 만일 20대 때 지나친 자외선에 노출되었다면 그 사람이 40대가 되었을 때 피부 노화 정도가 일반 사람보다 훨씬 심해진다. 화장품 중에서 자외선 차단제가 필수적인 것도 바로 이런 이유들 때문이다.

따라서 외출 시에는 모자를 사용하고 반드시 자외선 차단제를 꼼꼼하게 발라 피부 손상을 막는 것만이 자외선으로부터 우리 피부를 방어하는 최적의 방법일 것이다.

또 하나, 많은 이들이 간과하지만 자외선만큼 무서운 게 대기의 오염이다. 특히 도시의 경우 산성비와 스모그의 원인이 되는 질소 산화물 등의 발암성 물질이 떠돌아다닌다. 이런 오염 물질들은 대표적으로 우리 호흡기에 문제를 불러와 호흡기 질환을 일으키며, 나아가 우리의 피부에도 달라붙게 된다.

일단 피부에 붙은 산화물질은 우리 피부에 남아 있는 피지와 과산화 지질과 결합해 곰팡이와 세균, 진드기의 번식을 도와 트러블을 일으킨다. 10대 때 생긴 여드름은 단순히 피지 문제라면 20대 30대 트러블의 원인 중의 상당수가 바로 이 오염 때문이다. 따라서 이왕이면 배기가스와 오염물질을 피할 수 있는 곳에 머무는 것이 좋으며, 화장을 하지 않더라도 하루에 두 번 정도 얼굴을 씻어주는 것이 좋다. 마지막으로 세균의 온상이라고 할 수 있는 손으로 얼굴을 자주 만지작거리는 버릇도 고쳐야 한다.

3) 스트레스를 최소화하라

스트레스가 건강에도 좋지 않다는 것은 이미 잘 알려진 사실이다. 동시에 스트레스는 우리 피부의 젊음까지 파괴한다.

우리 몸은 스트레스를 느끼면 부신피질호르몬이라는 것을 배출한다. 이 부신피질호르몬은 위급한 순간 그 위험에서 벗어날 수 있도록 강력한 포도당 에너지를 만들어낸다. 문제는 이 부신피질호르몬이 제 역할을 끝내고 나면 그냥 사라지지 않고 우리 몸 안에 활성산소라는 것을 만들어낸다는 점이다.

이 활성산소는 우리가 마시는 산소와는 다른 변형된 화합물로서 우리 몸의 세포를 녹슬게 하고 노화시키는 대표적인 물질일 뿐만 아니라 우리 피부의 콜라겐 합성을 방해해 얼굴의 주름과 처짐을 불러온다.

한 가지 다행인 것은 이런 활성산소에 대적할 수 있는 항산화 물질을 적절히 섭취하면 그 파괴력을 일정 정도 가라앉힐 수 있다는 점이다. 항산화 물질로는 비타민 E, 비타민 C 등이 있는데 이중에 비타민 C는 다양한 섭취제로도 시중에 많이 나와 있다.

따라서 좋은 피부를 위해서는 우선적으로 스트레스를 최소화하는 것이 좋으며, 만일 그럴 수 없는 환경에 놓여 있다면 활성산소를 없애주는 항산화 기능이 있는 비타민 C를 적절히 섭취해야 한다.

4) 자연 친화적인 삶을 살아라

현대사회는 온갖 화학 물질로 인한 오염들로 뒤범벅되어 있다. 비록 평균 수명은 늘었지만 건강하게 장수하는 사람들은 극히 드물다. 사실 이런 오염 상태에서 일상을 누리는 사람들의 건강이 급속도로 악화되지 않는 것이 이상할 정도다.

우리 피부는 우리의 건강 상태와 긴밀한 연관을 가지고 있다. 피부 상태를 겉으로 보는 것만으로도 그의 건강이 얼마나 좋은지 또는 나쁜지를 알 수 있는 것도 그 때문이다. 따라서 기본적으로 우리 몸을 건강하게 유지하는 것이 피부를 보호하고 좋은 상태로 유지하는 가장 좋은 방법이다.

그러기 위해서는 유해물질을 최소화하고 자연과 가까운

생활을 하는 다양한 생활습관이 필요하다. 이른바 많은 사람들에게 새로운 삶의 방향을 제시해준 웰빙도 그 한 방법이다. 웰빙은 자연친화적인 것으로 어느 하나만 자연을 추구하는 것이 아니라 먹는 것과 입는 것, 사용하는 물건, 삶의 방식 등 삶의 모든 면에 최대한 주의를 기울이고 자연과 가까운 방식대로 살아가는 것을 의미한다.

이는 우리가 사용하는 화장품도 마찬가지이다. 화장품에는 기본적으로 어쩔 수 없이 들어가는 화학물질들이 분명 존재한다. 하지만 화학물질을 최소화하고 자연에 가까운 재료들을 사용한 제품들도 적지 않다.

따라서 제품이나 물건을 선택할 때 그것이 얼마나 자연친화적인 것인지를 알아보는 안목을 기르는 것 또한 우리의 건강과 피부를 지키는 지름길이라고 할 수 있다.

5) 자신에게 걸맞은 스킨케어 방법을 구축하라

때때로 여성들에게 화장품을 열심히 쓰는데 얼굴이 더 망가지고 있다는 이야기를 듣는 경우가 있다. 이는 안 그래도 햇살과 오염 등으로 스트레스를 받는 얼굴 피부를 독한 화장품으로 괴롭히기 때문이다.

실로 잘못된 화장품 선택이 우리 피부에 입히는 피해들이 여러 번 논란의 도마 위에 오른 적이 있다. 예를 들어 피부의 보호막을 파괴하는 여러 화학 성분들이나 지나친 방부제의 사용, 색조 화장품의 색소 문제 등이 그러하다. 또한 피부에 피해를 입히는 것은 파운데이션이나 립스틱이라는 것이 통념인데 사실은 그렇지 않다. 사실상 우리가 가장 많이 사용하는 것은 색조가 아닌 스킨로션과 같은 기초화장품이기 때문이다.

즉 아침과 밤마다 아무 기초화장품이나 바르는 것은 얼굴 피부를 지키겠다고 얼굴에 독을 바르는 것과 크게 다르지 않다. 그럴 바에는 쌀겨, 우유, 계란 등 효과가 공인되고 부작용이 없는 천연 재료들로 직접 팩을 하거나 세안을 하는 편이 낫다.

하지만 바쁜 생활에서는 이마저도 쉽지 않은 만큼 여러 브랜드 제품의 홍수 속에서 어떤 것을 골라야 할지 모르겠다면 가장 자극이 없고 위화감이 없는 제품을 사용해야 한다. 사용하는 화장품도 첨가제와 화학 성분이 최소한인 것을 골라야 한다.

다시 말해 남들이 좋다는 화장품이라고 무조건 사서 바르기 전에, 자신이 어떤 피부이고 어떤 방법이 잘 맞는지를 세심하게 관찰해 자신만의 화장품과 스킨케어 법을 찾아나가는 것이야말로 올바른 스킨케어의 시작이라는 점을 명심해야 할 것이다.

TIP 의사의 진찰부터 받아야 한다

건강에 이상이 있을 시 그 징후가 피부에 나타날 수 있다. 만일 시각적 불쾌함과 심한 가려움, 출혈, 통증, 고름이 피부에 나타났다면 의사의 진찰부터 받아야 한다.

비정상적인 피부색

- 창백한 피부 : 창백한 안색은 적혈구의 양이 정상보다 적은 빈혈의 신호일 수 있다. 많은 유형이 있지만 가장 흔한 것이 철결핍성 빈혈로 식사에 철 함량이 지나치게 낮다는 신호다. 피로감은 빈혈의 일반적인 신호다. 다른 신호로는 허약, 숨 가쁨, 자극 과민성, 손톱 깨짐 등이 있다. 여성

의 출혈은 대부분 생리로 인한 과다 출혈이나 다이어트와 관련이 있는 반면 남성의 경우는 내부 출혈, 특히 위장관 출혈과 관련이 있다.

- **청색 피부** : 피부가 최근 들어 청색 빛을 띤다면 그것은 산소 결핍에 의해 나타나는 청색증의 신호일지 모른다. 산소가 충분하면 혈액은 선홍빛을 띤다. 하지만 혈액이 산소를 잃기 시작하면 피부가 자줏빛으로 변하고, 혈액에 산소가 심하게 부족하면 피부가 파랗게 변한다. 청색증이 지속적으로 나타나면 혈액 속의 산소 공급을 차단하는 수많은 전신 질환(천식, 만성 폐쇄성 폐 질환, 폐암 등)의 경고일 수 있다. 또한 심장병의 신호일 수도 있다.

- **황색 피부** : 피부에 노란빛이 감돌면 황달의 전형적인 신호일 수 있다. 만약 피부가 오렌지색처럼 보인다면 당근과 같은 식품에서 비타민 A를 지나치게 많이 섭취하여 발생한 것일 수도 있다. 하지만 황색 피부는 간염, 간경화, 간암, 췌장암과 같은 간 질환의 신호인 경우가 많다.

《아이의 뇌는 피부에 있다》-야마구치 하지메

4장

천연화장품, 내 몸을 살린다

피부를 보호하고 노화를 늦춰주는 화장품을 바르는데도 피부가 점차 탄력을 잃고 거칠어지는 이유는 무엇일까? 바로 화장품의 부적절한 성분들 때문이다. 우리 피부는 이제 인공적인 화학물질이 아닌 자연의 휴식을 원한다. 입에 들어가는 음식을 순수 자연식으로 택했다면 이제는 우리 피부에도 가공되지 않은 자연의 것을 공급해야 한다.

우리가 살펴보려는 천연화장품은 그간 공해와 스트레스에 지친 피부에 탄력과 생기를 부여하고 본연의 아름다움을 되찾는 최고의 방법이다. 지금부터 천연화장품에 대한 기본적 지식들을 차근차근 알아보자.

1) 천연화장품이란 무엇인가?

최근 화장품에서도 자연 열풍이 불고 있으며. 많은 이들이 365일 24시간 얼굴에 발라야 하는 화장품은 화학성분을 줄이고 최대한 자연과 가까워져야 한다고 생각한다. 이는 여러 영향이 있겠지만 환경이 오염되고 독성물질들이 많아지고 있는 지금 암 질환 등을 예방하려면 자연으로 돌아가 자연친화적인 제품들을 사용해야 한다는 인식이 커졌기 때문일 것이다.

나아가 많은 언론 매체와 소비자단체들도 화장품 원료에 들어 있는 다량의 화학물질들이 우리 몸에 매우 해로울 수도 있다는 점을 지속적으로 경고해왔다.

이미 선진국에서는 천연화장품이 일상적으로 사용되면서 매해 천연화장품 업계의 놀라운 성장률이 주목받고 있는데, 이는 환경의 중요성과 더불어 자연친화적인 삶에 대한 욕구가 선진국일수록 높기 때문일 것이다.

그렇다면 천연화장품이란 과연 무엇일까?

기본적으로 천연화장품은 그간 일반적인 화장품들이 사용해왔던 유해 화학 성분들을 천연 성분들로 대체한 것이다. 예를 들면 일반 방부제 대신 천연 방부제를 넣어 안정성을 확보하고 불필요한 인공 화학 제제들을 사용하지 않는 것이다.

나아가 천연화장품은 우리 인체에 유익하고 피부에도 유익한 여러 자연 재료들을 화장품 재료로 사용한다. 우리 몸에 좋은 영양소가 골고루 구석구석 공급되면 우리 내장 기관이 건강해지면서 건강 상태가 증진될 수 있는 장점을 갖고 있다. 피부도 마찬가지다. 좋은 영양을 피부에 직접적으로 공급해주면 세포 재생이 활발해지고 신진대사가 촉진되면서 건강을 유지할 수 있게 된다.

즉 먹어도 될 만큼 깨끗한 재료들로 정성을 다해서 만드는 천연화장품은 우리 피부에 바르는 최상의 음식이라고 할 수 있을 것이다.

그렇다면 천연화장품은 과연 보통 화장품과 어떤 면이 다를까? 이어서 천연화장품이 가져오는 효능을 살펴보도록 하자.

2) 매일 매일 치유되는 피부의 기적

최근 들어 디톡스라는 것이 새로운 열풍을 일으키고 있다. 디톡스는 우리 말로 '해독' 을 의미하는데 이는 피부에도 얼마든지 해당될 수 있는 이야기다. 우리가 지금껏 사용해온 화장품들은 여러 화학 제품으로 인해 우리 피부를 일정 정도 중독시키는 경향이 있었다. 화장품을 갑자기 바꾸면 트러블이 나는 것도 바로 이런 화학물질에 의한 중독 때문인 경우가 많다.

이때 천연의 재료들을 팩과 기초화장품으로 사용하면 일정 정도의 명현현상 뒤에 피부가 깨끗해지는 것을 경험할 수 있는데, 이는 천연의 성분들이 피부를 중독시킨 화학물질들을 배출시키고 피부 청소를 통해 안정을 되찾아주기 때문이다.

나아가 이 같은 천연의 재료들을 적절히 사용한 천연화장품은 본래적으로 화학물질이 다량 첨가된 일반 화장품들에 비해 자극이 적고 피부 친화적이라고 할 수 있다. 일단 천연 재료를 이용하기 때문에 피부에 부담을 주지 않으면서 피부의 기능을 점차 정상적으로 회복시켜 주는 것이다.

만일 저자극과 고보습이야말로 화장품에서 포기할 수 없는 가장 중요한 기능이라고 친다면, 그런 면에서 천연화장품은 그 어떤 화학 화장품보다도 자극이 적고 보습효과가 높다고 할 수 있다.

또한 피부에 필요한 영양을 자연으로부터 직접 피부에 공급하는데 특별히 원하는 재료가 있다면 그 재료를 많이 사용한 화장품을 적절하게 골라 쓸 수도 있다는 점에서도 천연화장품은 광고나 브랜드만 믿고 사용했던 기존의 화학 화장품에 비해 선택의 폭이 넓고 정확한 정보에 기인해서 구매할 수 있다는 장점이 있다.

다만 천연화장품을 사용할 때 역시 잊지 말아야 할 부분이 하나 있다. 천연화장품 역시 단기간 내로 갑자기 피부를 좋게 만드는 마법 지팡이는 아니라는 뜻이다.

예를 들어 디톡스 팩을 할 경우 대부분의 전문가들은 20일 정도 꾸준히 하라고 권하는데, 중간에 명현현상이나 조급함 등으로 중간에서 포기하는 사람이 적지 않다. 그런 뒤 "천연화장품도 별 거 아니잖아"라고 불평하는 것은 천연성분이 많은 제품일수록 천천히 장기적으로, 그러나 탁월한 효과를 보인다는 점을 간과한 평가라고 볼 수 있다.

천연화장품은 과거로부터 여성들이 아름다움을 유지하기 위해 써왔던 재료들을 기본으로 한다. 어떤 과잉도 부족함도 없이 자연의 균형을 담으려는 노력의 결과물이자, 나무와 풀들이 매일 조금씩 자라듯이 매일 조금씩 나아지는 피부의 기적을 자연에서 찾고자 하는 노력이다. 화학 물질에 중독되고 피로에 지친 우리의 피부는 이제 자연을 원한다. 자연 가까이에 다가감으로써 우리 육체와 피부 모두에게 휴식을 주는 일이야말로 우리 몸과 피부가 원하는 일이며, 이것이 그 어떤 강력한 화학물질 처방보다도 절실한 우리 피부의 건강법임을 깨달아야 한다.

3) 우리 전통 발효에서 배우자

최근 천연화장품에도 소비자 만족을 위한 다양한 재료와 다양한 공법들이 등장하고 있다는 것은 다행스러운 일이다. 단순히 천연의 재료를 사용하면 천연화장품이라고 불렸던 과거를 넘어서서 이제는 천연화장품도 점차 훌륭한 제품력을 인정받고 있다.

천연화장품은 다양한 재료들과 공법들로 만들어지는데,

그 중에 눈에 띄는 것 중에 하나가 바로 발효화장품이다.

발효화장품은 피부에 좋은 자연 재료들을 발효시켜 그 안에 들어 있는 특정 성분을 추출한 뒤 그것을 흡수율 높고 바르기 쉬운 형태로 만든 것으로서, 우리의 된장·김치·요구르트 같은 식품을 만들 때 쓰는 발효 기술을 화장품에 적용한 경우다. 이런 발효 제품은 재료들이 발효되면서 더 좋은 신 물질로 결합한다는 장점을 가지는 동시에, 자연 재료와 안정적인 자연 공법을 사용해 피부의 자극이 굉장히 적다.

나아가 발효화장품의 장점은 흡수율에서도 찾아볼 수 있다. 사실 일반 화장품 브랜드들이 내놓는 기능성 화장품들이 비싼 가격에 팔리는 것은 특정한 성분이 포함되었다는 이유다. 하지만 아무리 좋은 성분이 함유되어 있다 한들, 그것이 피부에 제대로 흡수되지 않는다면 그 제품은 아무 의미가 없을 것이다.

반면 발효화장품은 입자의 크기가 아주 작아서 흡수가 쉽고 영양 성분이 피부 깊숙이 그대로 스며든다. 또한 발효 과정에서 발생하는 효모의 대사 물질이 피부에 좋은 각종 아미노산, 유기산, 항산화 물질을 만들어냄으로써 원료의 풍부한 영양소뿐만 아니라 대사물질까지도 얻어갈 수 있다는 장점이 있다.

또한 일반화장품들이 화학적, 물리적 공정과정을 거치면서 원료의 영양소가 대다수 파괴되는 반면, 발효화장품은 살아 있는 미생물을 이용하므로 원료의 영양분이 거의 파괴되지 않는다.

다음 장에서는 좋은 천연화장품을 고르는 몇 가지 방법에 대해 살펴보도록 하겠다.

4) 천연화장품 잘 고르는 방법 따로 있다

천연화장품에도 다양한 종류들이 있다. 그렇다면 좋고 믿을 만한 천연화장품을 고르려면 어떤 주의를 기울여야 할까? 지금부터 천연화장품을 고를 때 고려해야 할 몇 가지 사항들을 살펴보도록 하자.

① 가격보다는 성분을 따져라

비싸다고 다 좋은 화장품은 아니다. 좋은 화장품의 절대적인 기준은 무자극과 비유해성이다. 천연화장품에도 일정한 화학 성분들이 들어가는 만큼 되도록이면 피부에 유해한 화학 첨가물이 적은 화장품을 선택해야 한다. 그나마 색조 화장품은 피부 깊숙이 스며들지 않도록 개발하기에 덜 위험할 수 있지만 기초 화장품은 그야말로 피부가 '먹는 것'이기에 더 위험할 수 있음을 기억해야 한다.

사실 화장품 성분을 화장품 선택의 기준으로 삼거나 꼼꼼히 따지는 소비자는 극소수인데, 지금부터라도 성분을 꼼꼼히 따져보고 유해물질이 전혀 함유되지 않은 안전한 화장품을 사용하는 것이 좋다.

② 직접 체험해보고 사라

아무리 예쁜 신발도 발에 맞지 않으면 소용이 없듯이 화장품도 내 피부에 잘 맞아야 한다. 그저 소문만 듣고 곧바로 구입했다가 피부 타입, 트러블 등으로 고생하는 사람들이 많다. 천연화장품도 일부는 트러블 또는 명현현상 등이 나타날 수 있는 만큼 본격적으로 사용하기 전에 반드시 체험을 통해 그것이 자기 피부 타입과 맞는지, 기대했던 효과를 볼 수 있겠는지 등을 가늠해야 한다.

요즘은 샘플링이 잘 되어 있어 많은 천연화장품들이 체험분을 제공하는 만큼 어떤 제품을 사용하고자 한다면 반드시 그 체험분을 1~2주간 사용함으로써 구입 후 후회하는 일을 미연에 방지하는 것이 좋다.

③ 장기적으로 피부 면역을 길러주는 믿을만한 제품을 사라

천연화장품은 오래 사용하면서 그 진가가 드러난다. 화학화장품에 익숙해진 소비자들은 대체로 그런 시간을 기다리지 못한다. 화장품을 바르고 다음날 바로 촉촉해지거나 보송보송해진 얼굴을 기대하기 때문이다.

천연화장품을 고를 때 중요한 것 중의 하나가 바로 저자극과 보습, 나아가 얼마나 피부를 장기적으로 건강하게 바꿔줄 것인가 하는 것이다. 즉 피부에 깊이 스며들어 영양 성분을 잘 전달해 피부의 기초체력을 길러주는 것은 물론 나아가 자극 없이 피부를 휴식과 안정 상태로 지켜주는 능력이 반드시 필요하다.

따라서 질감과 향, 효능 면에서 꾸준히 믿고 사용할 만한

화장품을 골라 장기적으로 쓰는 것이 천연화장품을 잘 사
용하기 위한 가장 중요한 포인트라고 할 수 있다.

5장

천연화장품을 체험한 사람들

1) 답답한 파운데이션에서 벗어나 맨얼굴의 자유를 찾았습니다

- 경기도 일산동구

홍수경 씨

안녕하세요, 저는 50대의 가정주부입니다. 요즘 건강하고 여유로운 삶을 추구하는 웰빙 열풍이 우리의 식습관과 생활 습관을 바꿔놓고 있다고 합니다. 저뿐만 아니라 제 주변의 많은 주부들이 유기농 야채로 가족들의 건강을 지키고 남녀노소 모두가 요가와 다양한 운동을 즐기며 건강을 지켜가고 있습니다.

그렇다면 웰빙의 참 의미란 무엇일까도 생각해보게 됩니다. 제 생각에 웰빙이란 인공적이지 않고 자연 그대로를 지켜감으로써 우리 몸이 타고난 그대로를 유지하면서 가장 편

안하고 안정된 상태로 살아가는 것을 말하는 것 같습니다.

저 역시 저와 가족들의 건강을 위해 먹거리부터 하나씩 유기농으로 바꿔가고 최대한 화학제품을 자제하던 중에, 어느 날 '그래, 화장대도 한번 바꿔볼까' 하는 마음을 먹게 되었습니다.

처음에는 환경친화적인 삶이라는 거창한 목적으로 시작했지만 사실 저에게는 몇 가지 문제가 있었습니다. 50세가 되니 피부 노화도 피부 노화지만 젊은 시절부터 피부 알레르기로 큰 고생을 했습니다. 심지어 여름에는 너무 가려워서 스킨과 로션도 바르지 못할 정도였지요. 교회나 동창회 같은 곳에서 행사가 있어서 어쩔 수 없이 화장을 하려 치면 파운데이션이 다 떠버려서 친구와 가까운 사람들이 화장실로 데려가서 다시 두드려주곤 했습니다. 그럴 때마다 부끄럽고 속상한 마음이 얼마나 크던지요.

게다가 근 10~15년을 넘게 자외선 차단제를 바르지 못해서 무방비로 햇살을 쬐고 다닌 탓에 기미도 가득했습니다. 게다가 전혀 관리를 할 수 없으니 얼굴 톤이 검고 턱밑이 늘어져서 언뜻 거울을 보면 60대로 보여서 거울 보기가 싫을 정도였습니다.

　그러던 어느 날 친구로부터 천연화장품을 소개받게 되었습니다. 꾸준히 천연화장품을 사용한 친구가 좋은 결과를 보자 저에게 권해주었고 안 그래도 화장대 위의 화학제품을 거둬내려 했던 차에 선뜻 체험분을 받아서 쓰게 되었지요.

　처음에는 뭐가 다르겠어 하는 생각도 들고 이것마저 트러블이 나면 어쩌나 하는 걱정이 들었습니다. 그렇게 한 주가 지났는데 다행히도 트러블이 없어서 그것만으로도 감사하던 차였습니다. 그런데 3주 정도 사용했을 무렵, 주말 낮에 같이 점심을 먹던 우리 아이가 "엄마, 얼굴에 화장했어?"라고 하는 게 아니겠습니까?

　제가 모르는 변화를 제 가족들이 더 먼저 알더군요. 가려움증이 없어진 건 첫 주부터였고 시간이 지나자 피부가 조금 투명해지는 것 같았습니다. 그 많던 기미도 조금씩 흐려지기 시작하더군요.

　화장품이라고는 바르는 것조차 싫어했던 저는 아이에게 그 말을 들은 뒤부터는 더 열심히 기초화장을 하고 꼼꼼하게 피부를 관리하기 시작했습니다. 아침에 딱한 번 보던 거울을 이제는 가방에 넣고 다닐 정도로 자주 봐서 주변 친구들에게 '거울공주' 가 됐다는 농담도 듣게 되었습니다.

무엇보다도 이제는 더 이상 파운데이션을 답답할 정도로 두껍게 바르지 않고, 친구들에게 끌려가 화장을 고쳐야 하는 곤욕을 당하지 않아서 너무 행복합니다. 가끔은 가볍게 파우더만 바르고 나가는데 제 피부 상태를 잘 아는 친구들은 진짜로 얼굴이 좋아졌다며 같이 기뻐해줍니다.

화장품 하나로 많은 게 달라졌다고 하면 아마 어떤 분은 믿지 않을지도 모르겠습니다. 하지만 50대의 여성도 한 사람의 여성입니다. 자신의 얼굴에 자신감을 가지고 행복감을 느낀다면 그보다 귀한 선물은 없습니다. 얼굴이 건강해지면서 더 열심히 내 몸을 가꾸게 되니 그 만한 건강 습관도 없는 것 같습니다. 내 얼굴과 몸에 새로운 삶을 부여해준 천연화장품을 진정으로 사랑합니다.

66

2) 늦둥이 딸아이의 학부모 모임에서 당당해졌습니다

- 경기도 고양시 일산서구

최서영

저는 늦둥이 초등학생 아이를 둔 엄마입니다. 늦게 얻은 아이라 애지중지 기르고 싶은 마음이 더 커서인지 저는 아이들 학부모 모임에 열성적으로 참여하는 '열성 엄마' 이기도 합니다. 우리 아이에게 조금도 부족함이 없는 엄마가 되고 싶다고 생각하지만 막상 학부모 모임에 나가면 한 가지 사실이 마음이 걸리곤 했습니다.

다른 젊은 엄마들의 힘과 열정, 그리고 건강한 얼굴을 보면 왠지 우리 아이에게 미안해지는 기분이었습니다. 아무리 옷을 잘 차려입고 가고 나이는 속일 수 없는 게 바로 얼굴이더군요.

저는 학창 시절에 여드름이 많았던 탓에 모공이 넓고 블랙헤드가 많은 칙칙한 피부였습니다. 게다가 늦은 출산 후에는 얼굴 주름도 부쩍 늘어나는 기분이었습니다. 그래서인지 잠깐 마트를 가도 맨얼굴로 나가기 싫어서 꼭 화장을 했습니다. 혹시나 다른 학부모를 만나면 어쩌나 하는 우려 때문이었습니다.

이대로 있으면 안 되겠다 싶어 이것저것 좋다는 화장품은 다 사용해 봤지만 모두가 광고 거품일 뿐 특별히 효과가 없었습니다.

그러던 어느 날 저와 친한 어느 학부형께서 제 고민을 들으시고는 곧바로 천연화장품을 소개해주셨습니다.

"어머니, 이거 한번 발라보세요. 화장품 비싼 것만 바른다고 좋아지는 게 아니에요. 음식 좋은 것 드시고 운동도 하셔야 하지만, 일단 화장품부터 바꾸셔야 해요."

얼마 뒤 저는 설마 하던 의심이 믿음으로 바뀌는 것을 느꼈습니다. 다른 것보다 얼굴에 윤기가 돌기 시작했습니다. 한번 늘어난 모공은 잘 줄어들지 않는다고 했고 크게 눈에 띄는 건 아니었지만 어딘가 모르게 얼굴이 탱탱해지고 블랙헤드가 깨끗하게 사라진 걸 느낄 수 있었습니다.

심지어 학부모 모임에 나갔는데 제 딸아이의 담임선생님께서도 얼굴이 좋아지셨다면서 제 변화를 알아보실 정도였습니다.

제가 쓴 화장품은 콩으로 만든 된장, 청국장 같은 발효 식품의 원리를 이용한 제품이었습니다. 단순한 천연 영양 이상의 발효 영양이 함유된 제품이었는데 본래 좋은 식품은 발효를 하면서 더 영양 가치가 높아지고 결합을 통해 신 물질이 형성되면서 영양 입자가 작아진다고 합니다.

제가 쓴 화장품도 정말 피부 깊숙이 스며드는 느낌이었습니다. 항상 피부가 촉촉하니 환절기면 당기던 얼굴이 너무 편안해졌습니다.

요즘 저는 10년은 더 젊게 살고 있는 기분입니다. 아이 손을 잡고 외출을 해도 자신 있게 맨얼굴로 다닐 수 있게 되었습니다. 나이가 들어도 좋은 피부는 필요합니다. 어쩔 수 없는 주름이나 세월의 흔적은 인정하더라도 곱고 윤기 나고 부티 나는 피부 하나만으로도 자신감을 높일 수 있습니다. 여러분들께도 제가 느꼈던 이 새로운 변화를 권하고 싶습니다.

3) 아무리 바빠도 바를 건 꼭 바르는 아침

- 서울시 서대문구 홍제동

김남아

우리 젊음은 한순간이라고 하지요. 20대 후반부터 서서히 노화가 진행되는 우리 얼굴은 일찍부터 관리해주지 않으면 나이가 들수록 회복되기가 힘듭니다. 제 경우는 젊은 시절부터 제법 꾸준히 관리를 해왔음에도 서른 초반을 넘기면서 어느 순간 주름이 확연히 눈에 띄고 톤이 칙칙해지는 것을 느꼈습니다.

그러나 무엇보다도 신경 쓰이는 것은 바로 다크서클이었습니다. 몸이 약해 피로를 자주 느끼다 보니 저녁 무렵이면 눈 밑이 너무 검어지고 피로해 보이기 일쑤였습니다. 다음 날 아침에 일어나도 피로가 가지지 않아 보여서 주변 사람들로부터 "많이 피곤해 보여요", "마스카라가 번진 것 같은데"라는 이야기를 듣곤 했지요. 그럴 때마다 거울을 보면서 속상한 마음을 어쩔 수가 없었습니다.

운동을 시작하면서 어느 정도 호전된 느낌이 들었지만 그럼에도 보통 사람보다 훨씬 다크서클이 심하다 보니 피부과에서 관리라도 받아야 할지 고민이 들었습니다.

그 와중 유달리 피부를 잘 챙기는 지인으로부터 천연화장품을 소개받았습니다. 그분은 워낙 철저하게 피부를 관리하는 분이라 좋은 제품은 거의 써보신 분이고 여름이면 자외선을 피하려고 꼭 모자까지 챙겨 다니시는 분이었습니다.

처음에는 천연화장품에 대한 확고한 신뢰보다는 그분을 믿는 마음으로 쓰기 시작했습니다. 하지만 얼마 안 가 저는 아예 세트를 구입하게 되었습니다. 생각보다 훨씬 빠른 효과가 나타나서 저조차도 놀랄 정도였습니다. 저 역시 그분 못지않게 화장품에 관심이 많고 여러 제품을 사용해봤는데 왜 이 좋은 제품을 이제야 만나게 되었나 생각할 정도였습니다. 꾸준히 사용하면서 가장 먼저 없어진 건 칙칙함이었고 이후 다크서클이 눈에 띄게 개선되었습니다. 눈 밑을 가리려고 바르던 두꺼운 컨실러도 더는 필요 없게 되었습니다.

지금도 저는 아침마다 분주합니다. 아무리 바쁜 아침이라도 화장대 앞에 앉으면 긍정적인 마음으로 천연화장품을 꼼꼼하게 챙겨 바릅니다. 오늘 하루의 관리가 좋은 피부를 가져다줄 것이라는 믿음을 굳건히 합니다. 이렇게 천연화장품 덕에 생활까지 활기차지고 주변 사람에게도 좋은 제품을 권하게 되어서 다행이라고 생각합니다.

- 파주시 교하읍 와동리

이미옥

저에게는 어릴 때부터 절친한 친구 하나가 있습니다. 자주 만날 수는 없어도 항상 소식을 들으며 반갑고 그리워하고 1년에 몇 번은 꼭 만나서 사는 이야기를 나누곤 합니다. 가끔씩 만날 때마다 서로 조금씩 나이 들어가고 성숙해지는 모습을 보며 서로를 칭찬할 수 있는 그런 친구입니다.

그런데 1년 전 약속을 잡고 만난 친구가 환하게 웃으면서 들어오더군요. 척 보기에도 얼굴이 너무 좋아보여서 "무슨 좋은 일 있어?" 물었더니 "별 거 없는데?"라고 대답했습니다. 한참 이야기를 나누다가 친구가 화장품을 바꿨다고 하기에 궁금한 마음에 물어보았더니 천연화장품이라고 하더군요.

어차피 화장품을 살 때가 됐던 차라 친구 소개로 저도 천연화장품을 처음 쓰게 되었습니다. 처음에 친구가 가져온 화장품을 보고는 포장도 단순하고 가격도 저렴해서 그다지 기대하지 않았던 것이 사실입니다.

그런데 채 한 달도 쓰기 전에 기대도 안 했던 변화가 나타나가 시작했습니다. 그때의 제 피부는 모공이 심하게 넓고 얼굴 톤이 칙칙한 상태였습니다. 그런데 놀랍게도 모공이 좁아지고 탱탱한 느낌이 들었습니다. 두 달가량 쓰니 리프팅 효과가 확실히 나타나는 것 같았습니다. 얼굴선이 많이 매끄러워진 듯해서 남편도 놀랄 정도였습니다.

또 하나 제 고민이었던 검버섯 비슷한 기미에도 마찬가지로 적지 않은 효과를 보았습니다. 흐리게 퍼져 있던 기미가 많이 연해지면서 지금은 제가 말하지 않으면 제 얼굴에 기미가 있었다는 걸 사람들이 알아보지 못할 정도입니다.

천연화장품을 사용한 지 1년이 지난 지금 저는 새로운 도약을 준비 중입니다. 중년에 들어서면서 가족들 위주로 살아왔던 삶의 포지션을 조금 바꾸고 천연화장품과 함께 많은 분들과 젊음을 누리는 작은 사업을 준비 중입니다. 많은 분들을 만나고 제 얼굴뿐만 아니라 마음가짐과 생활까지 매끄럽게 바꿔준 천연화장품 자랑을 하다 보면 활력이 돌고 작지만 큰 사업을 진행하고 있다는 생각이 들어 너무 만족하며 행복감을 느낍니다.

자신이 가진 아름다움을 최대한 살려주고 자연과 가까운

피부상태를 돌려주는 천연화장품의 효능을 여러분에게도
권합니다.

5) 당기는 악건성 피부에 물을 주는 천연화장품

- 경기 고양시 일산동구

진미경

저는 젊은 날 피부 좋다는 소리를 적지 않게 들었습니다. 다른 친구들보다 희고 모공도 작은 데다 잡티가 없어서 맑은 피부에 가까웠지요. 이목구비는 평범해도 피부가 깨끗하면 이미지가 부드럽고 여성스러워 보이는 만큼 제 피부에 대해 자부심을 가지고 지내왔습니다.

그랬던 제 피부도 결국은 세월과 출산 후유증을 이기지는 못하더군요. 몇 년에 걸쳐서 아이 셋을 낳고 나자 다른 부분도 문제지만 무엇보다도 피부가 너무 건조해져서 악건성이 되고 말았습니다. 몸 전체와 얼굴 전반이 심하게 당기는 것은 물론 특히 눈 밑이 심하게 당겨서 잔주름이 생기고 얼굴 전체의 탄력이 급격하게 떨어지기 시작했습니다.

한번은 목욕 갈 때 기초 화장품을 깜빡 놓고 간 적이 있었습니다. 목욕을 마치고 나오는데 정말로 아찔할 정도로 얼굴이 당겼습니다. 서둘러 집에 돌아오는데 오는 동안 찢어질듯이 당기는 피부 때문에 너무 우울했습니다. 어떻게 이렇게 아프고 불편한 상태로 평생 지내나 피부 때문에 걱정하게 될 것이라고는 꿈에도 생각지 못했습니다. 건조한 악건성 피부에 좋다는 제품은 써볼 만큼 써보았지만 별 효과가 없었고, 마사지도 받을 때만 잠시 좋지 그 이후로는 아무 소용이 없었습니다. 피부가 너무 당겨서 세수 전후에는 신경이 바짝 곤두설 정도였습니다.

그러던 어느 날 친구가 피부 때문에 고생하는 저에게 불쑥 무언가를 내밀었습니다.

"천연화장품이야. 한번 써보고 괜찮으면 그땐 네가 사서 써봐."

고맙다고 말하고 받긴 했지만 선뜻 믿음이 가지 않아 한참이나 장롱 속에 넣어두었습니다. 그러다가 어느 날 스킨 로션이 다 떨어져서 시험 삼아 발라보려고 스킨을 땄는데 뭔가 자연스러운 냄새가 화학제품 화장품과는 다른 느낌이 들었습니다. 그리고 화장 솜에 적셔서 얼굴을 닦아내는데 나도 모르게 눈이 휘둥그레졌습니다. 정말로 피부 깊숙하게 스며드는 느낌이었습니다.

그로부터 일주일 후 가장 먼저 금방이라도 갈라질 것 같은 당김이 사라졌습니다. 수분 보습력이 뛰어난 덕인지 피부가 눈에 띄게 촉촉해지고 그 후로 보름 정도 바르니 얼굴 톤이 맑아졌습니다. 그래서 매일 같이 열심히 듬뿍 바르고 외출하고 돌아온 날에는 화장 솜에 적셔서 팩까지 하게 되었습니다.

아이를 낳고 나서 제가 제일 부러워하는 사람이 수정 화장할 때 파우더를 마음껏 바르는 사람이었습니다. 건조한 피부는 파우더를 바르면 더 건조하기 때문에 외출할 때 수정 화장도 어렵기 때문이지요. 그리고 지금 저는 오랜 고민 꺼리이던 건조함이 해결되면서 비비크림을 바르고 가볍게 파우더로 눌러주면서 자연스러운 피부 화장을 할 수 있게 되었습니다.

또 밖에서도 콤팩트를 톡톡 두드리는 즐거움도 다시 되찾을 수 있게 되었습니다. 주위에서도 피부가 촉촉해지고 맑아졌다고 좋은 일이 있냐고 물어봅니다. 천연 원료를 사용해 효과가 뛰어나고 누구에게나 부담 없는 천연화장품을 제 주변 모든 분들에게 권합니다.

6) 인체의 장기인 피부도 좋은 것을 먹어야 합니다

- 경기도 고양시 일산동구

한성표

50대 초반을 지나면서 저는 거울 보는 일이 부쩍 줄었습니다. 싱싱했던 젊음은 모두 사라지고 피로에 젖은 얼굴이 자꾸 보여서입니다. 마흔이 넘으면 자기 얼굴에 책임을 지는 것이라는데 마음에 들지 않는 얼굴 때문에 아이들도 남편도 모르는 마음 고생이 있었습니다. 그렇다고 50대가 넘어 투정을 부릴 수도 없는 노릇이니 혼자 속앓이만 했지요.

저는 피부가 본래 노란 톤이었는데 누렇고 푸석거리며 윤기도 없고 눈 밑에 아이백이 무겁게 자리 잡고 있는 얼굴입니다. 그러나 무엇보다도 고민인 것은 입가의 팔자주름이었습니다.

좋다고 하는 화장품들을 여러 개 발랐지만 효과가 별로 없었고, 오히려 피부가 더 칙칙해지는 경우까지 있었습니다. 친구 몇은 무거운 아이백과 팔자주름을 수술로 해결했다고 하기에 나도 수술을 해볼까 고민했지만 가족들에게 말하기도 민망하고 얼굴에 인위적인 처리를 하는 것도 썩 내키지가 않았습니다.

그렇게 한참을 고민하던 중 성당의 아는 동생을 통해 천연화장품을 만나게 되었습니다. 동생은 어느덧 천연화장품 전도사가 되어 천연화장품 칭찬을 많이 하더군요. 본래 믿음 있는 동생이었기에 선뜻 화장품을 써보겠다고 했습니다. 그리고 얼마 뒤 제 얼굴은 조금씩 달라지기 시작했습니다.

가장 먼저 좋아진 것은 푸석거리며 윤기 없던 피부가 촉촉하고 맑게 정리되었다는 점이었습니다. 그것만으로도 만족하고 있던 차에 한 달 여가 지나면서 새로운 효능이 보였습니다. 그렇게 고민이던 아이백이 리프팅 효과 덕인지 크기가 줄었고 동시에 팔자주름도 조금씩 엷어지기 시작했습니다.

그저 기분 탓인가 싶어 고개를 갸웃했지만 제 얼굴에 나타난 효과는 주변에서 더 먼저 알아보더군요. 나야 매일 내 얼굴을 보니 모르지만 저를 오랜만에 만나는 사람들마다 알게 모르게 옛날보다 젊어 보인다는 칭찬을 해주고 계십니다. 천연화장품을 쓰면서 또 하나 느낀 것은 피부도 인체의 장기라는 점입니다.

우리 몸이 질 좋고 깨끗한 자연의 음식을 원하는 것처럼 우리 피부도 깨끗하고 자연에 가까운 화장품을 원한다는 것이었습니다.

천연화장품은 맨 얼굴이 싫어서 덕지덕지 가리는 화장품과는 차원이 다른 화장을 얇게 만들어주는 자연의 화장품입니다. 비싼 색조화장품을 여러 개 사는 것보다 좋은 천연화장품 하나만으로도 얼마든지 깨끗한 피부를 유지할 수 있습니다. 건강하고 예뻐지는 제품을 만나게 해준 성당의 동생에게 감사를 표합니다.

7) 희고 맑은 피부로 돌아가는 시간을 선사합니다

- 경기도 고양시 일산동구

민기숙

흔히 세월 이기는 장사가 없다고 하죠. 저는 삼십대 초반까지만 해도 잡티 없이 많고 투명한 피부 덕에 피부 좋다는 소리 들으면서 살았는데 어느 날부터 점점 피부가 칙칙해지는 것을 느꼈습니다.

워낙 느긋한 성격이라서 나이 들면 다 그런 거지 생각하고 크게 신경을 쓰지 않았습니다. 그때 저는 한번 화장품을 쓰면 잘 바꾸지 않아서 40대가 돼서도 젊었을 때 썼던 알로에 화장품을 그대로 쓰고 있었습니다.

그런데 어느 날부터 손발이 차고 혈액순환이 잘 안 되는 현상이 나타나서 한의원을 다니고 있었는데, 동시에 얼굴까지 망가지기 시작했습니다. 나중에 들어보니 몸이 찬 사람은 피부에 알로에를 쓰면 그 진정 작용이 오히려 기미와 잡티를 만들어낸다고 하더군요.

어느 날 큰언니를 만났는데 언니가 보자마자 걱정 어린 타박을 늘어놓았습니다.

"너는 좋고 비싼 화장품만 골라 쓴다더니 얼굴에 왜 이렇게 잡티가 많니? 안 되겠다. 다른 화장품 좀 골라보자."

저는 괜찮다고 웃어넘겼지만 무언가 서글프고 기분이 상하기도 했습니다. 그런데 어느 날 동네에서 친해진 언니 분이 천연화장품 무료체험 행사가 열리니 한번 가보지 않겠냐고 제안했습니다. 손해볼 거 없다고 생각해서 언니와 함께 체험 행사에 참여했고 무료 체험 분을 받게 되었습니다.

처음에는 그냥 느낌이 좋구나 정도로 생각했는데 얼마 안 가 쓸수록 좋은 화장품이라는 것을 확연하게 느낄 수 있었습니다. 전체적으로 얼굴이 맑아지고 예전처럼 피부 결이 희고 부드러워지는 것을 느낄 수 있었습니다. 결국 저는 천연화장품 효과에 홀딱 반해서 전제품을 라인에 따라 사용하게 되었고요.

그리고 요즘 들어서는 제게 얼굴 상했다며 타박 주던 큰 언니도 저와 함께 천연화장품을 사용합니다. 점점 잡티와 기미가 연해지면서 정말 좋아졌다는 이야기를 우리 자매 모두가 듣고 지냅니다. 최근 천연화장품 중에 화이트닝 제품이 나왔는데 한층 효과가 강화된 느낌이 들어서 매우 만족스럽습니다. 얼굴의 잡티 때문에 고민하고 계시는 분이 계시다면 자신 있게 천연화장품을 권하고 싶습니다.

8) 사진기 앞에서 자신 있게 웃게 되었습니다

- 경기 고양시 일산동구

김상미

저는 사진 찍히는 것을 무엇보다도 싫어하는 사람이었습니다. 40대가 되면서 기미가 검게 앉고 탄력 없이 칙칙해진 얼굴 때문에 찍고 나서 뽑은 사진을 보면 그렇게 싫고 부끄러웠습니다. 세월 따라 늙어가는 모습을 자연스럽게 받아들여야 한다고 아무리 마음을 먹어도 여자 마음이라는 것이 그렇지가 않더군요.

그러다가 지인으로부터 천연 재료를 발효시켜 만든 화장품이 있다는 이야기를 들었습니다. 보통은 화학 성분이 많이 들어가는데 이 제품은 콩, 석류, 인삼, 매실, 마치현 성분을 잘 발효시켜서 피부에 자극 없이 스며들도록 했다는 것입니다. 그 이야기를 듣고 가장 먼저 떠오른 것은 일본의 유명한 한 브랜드의 화장품이었습니다. 그 화장품 역시 발효 공법 중에 하나인 효모를 이용한 친환경 제품으로 백화점에서도 면세점에서도 가장 많이 팔리는 화장품 중에 하나였습니다. 다만 가격이 가격인지라 발효 화장품은 비싸다는 생각에 선뜻 엄두를 내지 못하고 있던 차였습니다.

처음 발라봤을 때 느낀 것은 얼굴에 자극이 없고 흡수력이 아주 뛰어나다는 생각이었습니다. 보통 40대가 쓰는 화장품들은 유분기가 많아서 끈적임이 많고 자칫 트러블이 나기 쉬운데 천연화장품은 피부에 부담이 없으면서도 보습력이 아주 우수했습니다. 일시적인 느낌은 아닐까 싶었지만 속는 셈치고 천연화장품을 바르기 시작한 것이 제게는 최고의 선택이 될 줄은 미처 알지 못했습니다.

시간이 지날수록 얼굴이 환해지면서 미백 효과를 눈에 띄게 느낄 수 있었고 사진 찍을 때마다 두드러지던 기미와 팔자주름이 많이 개선되어 지금은 저를 보고 제 주변 사람들까지 하나둘 화장품 뭐 쓰냐고 물어옵니다.

무엇보다도 포함된 성분이 천연이라선지 피부 면역력이 월등히 높아졌다는 생각이 듭니다. 민감해서 툭 하면 트러블이 나던 피부가 지금은 뾰루지 하나 없는 건강한 피부가 되었고, 이제는 어디에서나 탄력 있고 깨끗해진 얼굴을 카메라 앞에서 자랑할 수 있게 되었습니다.

이렇게 좋은 천연화장품을 만난 것이야말로 자칫 우울하고 활력을 잃을 수 있는 40대에 주어진 최고의 선물이라고 감히 자부합니다.

Q : 피부 트러블이 심합니다. 천연화장품을 쓰면 트러블이 나을 수 있을까요?

A : 우리의 피부 트러블은 다양한 원인 때문에 생겨납니다. 따라서 트러블의 정확한 원인을 알아내기가 쉽지 않습니다. 다만 피부 트러블의 원인을 크게 나눠보면 평소 식습관과 흡연과 음주, 수면 등과 관련한 생활습관이 제 1 요인일 수 있고, 두 번째는 화학 화장품의 화학 성분의 충돌로 인한 트러블인 경우가 있습니다.

따라서 화장품을 천연화장품으로 바꾸시고 이외에도 기름진 음식과 육류, 술과 담배 등의 잘못된 생활습관을 동시에 바로잡아야 합니다. 생활습관이 달라지면 피부가 달라지고, 피부가 달라지면 활기에 넘쳐 생활습관이 달라집니다. 천연화장품 한 가지에 큰 기대를 걸기보다는 두 가지를 병행한다는 생각으로 사용하시면 분명히 만족하실 수 있을 것입니다.

A : 천연화장품은 기능이 제각각 다르다고 광고하는 일반 화학화장품과는 달리 남녀노소 누구나 쓸 수 있는 화장품으로 연령대의 제한이 없습니다. 천연의 재료로 안전하게 만들었기 때문에 상대적으로 약한 어린아이의 피부에도 자극이 적고 손상을 주지 않습니다. 다만 개인차가 존재할 수 있는 만큼 3일 정도 패치 테스트를 해보는 것은 권합니다. 패치 테스트란 해당 화장품을 팔 안쪽이나 귀 뒤에 발라 발진이나 알레르기 반응이 없는지를 검사하는 것입니다. 만일 아무 문제가 없다면 아이와 어머니가 함께 천연화장품을 사용하셔도 좋습니다.

Q : 천연화장품을 사서 써보려고 하는데 어떻게 구입할 수 있나요?

A : 천연화장품은 일반 화장품처럼 전문매장을 찾기가 쉽지 않고 브랜드 수도 많지 않은 게 사실입니다. 따라서 천연화장품에 관심이 있다면 천연화장품을 취급하는 브랜드의 영업점에서 무료 체험 등을 받아서 구매하는 방식이 일반적입니다. 천연화장품을 사용하려 할 때에는 반드시 체험을 통해 그 화장품이 내게 맞는지 등을 체크해봐야 하기 때문입니다. 따라서 주변 지인들의 소개 등으로 안전성과 효능을 공인받은 제품을 만나고, 그 체험분을 사용한 뒤 결정하는 것이 제품에 실패하지 않는 방법이라고 할 수 있습니다.

Q : 집에서 화장품을 직접 만들어 써보려고 하는데 어떨까요?

A : 우리가 먹는 식재료를 이용한 미용법은 고대부터 있어왔습니다. 따라서 가정에서 각자에게 맞는 방법과 재료

로 피부를 위한 식단을 짜는 것도 좋은 방법입니다. 다만 그럴 시 재료 선택에 주의를 기울여야 하는데 예를 들어 농약을 많이 쳐서 재배한 재료의 경우 피부 제품을 만들면 그 농약 성분이 고스란히 피부에 침투할 수 있습니다. 또한 가정에서 만드는 천연화장품은 유통기한이 짧아 쓸 것만 만들어야 하므로 장기적 사용이 어렵고 번거로울 수 있습니다. 물론 이런 부분을 감수하고 자연 재료를 이용한 화장품을 만드는 것도 좋은 방법이나 시중에 공인된 천연화장품을 구입해 사용하는 것도 좋은 방법입니다.

Q : 발효화장품을 써보려고 하는데 과연 효과가 있을까요?

A : 발효는 우리 전통 음식에서 사용되는 방법이자 자연 재료의 효능과 효과를 높이는 자연 공정법입니다. 실제로 일본 같은 선진국에서도 효모 등의 미생물 번식과 발효를 통해 만들어낸 화장품이 고가에 시판되고 있습니다. 화장품을 만들 시 발효 공정을 거치면 영양분 파괴가 최소화되고, 영양의 입자가 작아져 흡수율이 높아집니다. 따라서 좋은 재료를 발효해서 만든 발효화장품은 믿을 뿐만 아니라

기대 이상의 효과를 가져올 수도 있습니다.

A : 천연화장품은 기본적으로 화학화장품의 화학물질에
익숙해진 피부의 독소를 배출하는 디톡스 효과를 가집니
다. 따라서 사용하는 도중 일정 정도의 명현현상이 나타날
수 있습니다. 따라서 일정한 트러블이 발생될 시 사용을 3~4
일간 중단한 이후 다시금 사용하면 불편감을 덜 수 있습니
다. 명현현상을 극복하고 꾸준히 사용한다면 좋은 예후를
보일 수 있으니 걱정하지 마시고 사용을 권합니다. 다만 문
제가 심각할 경우에는 판매처의 상담을 해서 정확한 지도를
받고 올바른 사용법을 익히는 것이 큰 도움이 됩니다.

A : 천연 재료 마사지는 집에서 흔하게 할 수 있는 일상적인 마사지부터 피부 관리실 마사지까지 다양합니다.

집에서 하는 대표적인 마사지로는 흔하게 구입하는 재료인 계란과 오이, 쌀겨 등을 이용한 마사지가 있습니다. 이런 천연 마사지는 일상적으로 쉽게 할 수 있을뿐더러 천연 재료의 특별한 성분들로 인해 꾸준히 하면 좋은 효과를 볼 수 있습니다.

나아가 피부 관리실에서 시행하는 마사지로는 해독과 정신과 육체 모두에 평정을 가져다주는 아유르베다 마사지가 대표적입니다. 인도의 전통의학으로 탄생된 아유르베다는 가공하지 않은 식물에서부터 복잡한 제약 절차를 거친 산물에 이르기까지 모든 천연 약초 조제법을 이용하고 있으며 특히 해열, 해독, 지혈 효과와 독성과 자극이 없어 피부병을 치유하는 데 탁월한 효능을 지니고 있습니다.

이 아유르베다는 '생명의 과학', '삶의 지혜', '장수의 비법'이라는 뜻을 가지고 인류 문명 발상지 인도에서 5천 년간 일상생활에서 활용되어온 마사지로서, 화학물질의 도움 없이도 우리 몸 자체에는 자정기능과 치유기능이 있음을 믿고 이 능력을 극대화하는 마사지입니다.

천연 재료를 이용한 마사지는 화학물질의 독으로부터 안전하며 피부의 자정능력과 자연친화력을 높여주는 만큼 꾸준히 시행하면 좋은 효과를 볼 수 있을 것입니다.

천연화장품의 올바른 활용을 위한 체크리스트

- ☐ 민감성 피부 때문에 화장품 트러블이 심하다
- ☐ 안전하고 자연친화적인 제품에 관심이 있다
- ☐ 수분이 부족하고 거칠어 피부 면역력이 떨어진다
- ☐ 눈 밑의 다크서클이 개선되지 않는다
- ☐ 나이 들수록 기미가 짙어지는 기분이다
- ☐ 화학 화장품의 화학 성분에 거부감을 가지고 있다
- ☐ 온 가족이 같이 사용할 수 있는 화장품을 원한다
- ☐ 피부 처짐이 생기면서 얼굴에 군살이 붙는다
- ☐ 지나치게 많은 종류의 화장품을 쓰고 있다
- ☐ 피부에 생기가 없어서 피로해 보인다는 말을 듣는다
- ☐ 향과 색소에 민감하다
- ☐ 환경에 도움이 되는 제품을 쓰고 싶다
- ☐ 모공이 넓어서 피부가 늙어 보인다
- ☐ 피부에 뾰루지가 나면 잘 낫지 않는다
- ☐ 잔주름이 많아져서 고민이다
- ☐ 일반 화장품의 화학 성분에서 벗어나고 싶다
- ☐ 메이크업을 하면 화장이 자주 뜬다
- ☐ 맨얼굴을 드러내기가 두렵다

해당 항목 4개 이하

건강한 피부를 가진 만큼 이를 보존하는 데 노력을 기울여야 한다. 화장품을 많이 사용할 필요가 없으므로, 어떤 화장품이건 자극이 적은 것으로 골라 꾸준히 발라주면 된다.

해당 항목 5개 - 10개

피부 노화와 피로가 상당히 진행된 상태인 만큼 화학 성분을 자제하고 자연의 재료로 피부 면역력을 높여주는 천연화장품을 본격적으로 활용할 필요가 있다.

해당 항목 11개 이상

다소 치명적일 정도로 피부가 문제 상황인 만큼 특별 관리가 필요하다. 일상적으로 천연화장품을 사용하고 전문가와의 상담 하에 특별 관리를 지도받는 것이 좋다.

천연화장품으로 탄력있는 피부를 되찾자

이제 화장품은 우리의 삶에서 빼놓을 수 있는 필수품이 되었다. 그럼에도 안타까운 것은 필수품에 가까운 화장품에 대해 많은 사람들이 큰 관심을 기울이지 않는다는 점이다.

우리는 아름다워지기 위해 화장품을 사용한다. 이는 우리를 아름답게 할 수 없는 화장품은 과감하게 화장대 위에서 몰아내야 한다는 뜻이다.

그럼에도 많은 이들이 부족한 지식이나 잘못된 정보로 인해 건강한 제품보다는 유해한 제품들을 사용하고 나날이 더 많은 화장품을 무작위적으로 사용하고 있다. 건강해지기 위해 사용하는 화장품이 오히려 우리 피부를 망치고 있다는 것은 아이로니컬하지 않은가.

앞서 우리는 우리가 쓰고 있는 화장품들에 대해 올바른

방향을 잡을 수 있는 다양한 정보들을 알아보았다. 이제 중요한 것은 실천이다. 이왕 사용할 것이면 건강하고 바른 제품으로 피부의 자연 친화력을 높이고 우리 삶 또한 건강하게 꾸려나가야 한다. 그리고 그 시작점에 바로 천연화장품이 있다.

똑똑하게 건강을 지키는 일은 먹는 것이나 입는 것에만 해당되는 것이 아니다. 또 하나인 장기인 피부야말로 우리가 건강하게 지켜내야 할 또 하나의 소중한 우리 몸이다.

화장대 위에서도 자연의 힘을 믿는다는 원칙을 잘 지켜나간다면, 우리 피부도 범람하는 위험한 화학물질의 위협에서 벗어나 즐겁고 행복한 자연의 세상을 만날 수 있을 것이다.

MEMO

MEMO

건강이 보이는 건강 지혜를 한권의 책 속에서 찾아보자!

도서구입 및 문의 : 대표전화 0505-627-9784